普通高等教育应用型本科创新教材

Introduction to Underground Engineering

地下工程概论

主　编　史　红　葛颜慧
张建国　姜春林
副主编　孙超群　温淑莲
徐　静

人民交通出版社股份有限公司
China Communications Press Co.,Ltd.

内 容 提 要

本书为普通高等学校应用型本科教材,较为全面地介绍了地下工程的规划、设计、施工及管理等方面的内容。覆盖面广,又力图做到简明扼要,语言精练。本书内容包括:绪论、土木工程材料、工程地质勘察与基础工程、基坑工程、地下工程的特性和利用形态、地下工程施工与管理、地下工程地质灾害、数字化技术在土木工程中的应用。

本书可供高等学校土建、水利、港口、采矿等专业学生使用,也可作为相关工程技术人员的参考书。

图书在版编目(CIP)数据

地下工程概论 / 史红, 葛颜慧主编. — 北京 : 人民交通出版社股份有限公司, 2019.6

ISBN 978-7-114-13919-2

Ⅰ. ①地… Ⅱ. ①史… ②葛… Ⅲ. ①地下工程—高等学校—教材 Ⅳ. ①TU94

中国版本图书馆 CIP 数据核字(2017)第 142080 号

书　　名: 地下工程概论
著 作 者: 史　红　葛颜慧
责任编辑: 李　坤
责任校对: 张　贺　宋佳时
责任印制: 张　凯
出版发行: 人民交通出版社股份有限公司
地　　址: (100011)北京市朝阳区安定门外外馆斜街 3 号
网　　址: http://www.ccpress.com.cn
销售电话: (010)59757973
总 经 销: 人民交通出版社股份有限公司发行部
经　　销: 各地新华书店
印　　刷: 北京印匠彩色印刷有限公司
开　　本: 787 × 1092　1/16
印　　张: 9.75
字　　数: 230 千
版　　次: 2019 年 6 月　第 1 版
印　　次: 2019 年 6 月　第 1 次印刷
书　　号: ISBN 978-7-114-13919-2
定　　价: 30.00 元

前　言

《地下工程概论》是土木工程专业的一门必修课教材，是为适应新时期土木工程行业发展对土木学科人才培养的需求而编写的。本书是介绍地下工程总体情况的入门教材，内容涵盖地下工程规划、设计、施工及管理等方面。

全书共8章：第1章绪论，主要介绍地下工程的属性和发展历史；第2章土木工程材料，主要介绍材料的基本性能和常用土木工程材料；第3章工程地质勘察与基础工程，主要介绍工程地质勘察方法、基础形式和地基处理技术；第4章基坑工程，主要介绍基坑降排水和基坑支护；第5章地下工程的特性和利用形态，主要介绍隧道、地下街、地下停车场、地铁、地下共同沟等；第6章地下工程施工与管理，主要介绍土石方工程、钢筋混凝土工程以及地下工程施工与监测等；第7章地下工程地质灾害，主要介绍常见的不良工程地质现象、突涌水、瓦斯、岩爆等；第8章数字化技术在土木工程中的应用，主要介绍计算机辅助设计(CAD)、工程结构计算机仿真、建筑信息模型(BIM)等。

本书由山东交通学院史红、葛颜慧担任主编，张建国、孙超群、温淑莲、姜春林、徐静担任副主编。具体编写分工如下：史红编写第1章和第4章，徐静编写第2章，温淑莲编写第3章，孙超群编写第5章，葛颜慧编写第6章，张建国编写第7章，姜春林编写第8章。何君莲、贾雪娜参与了本书的插图绘制、文字录入工作。全书由史红统稿。

本书的出版，得到人民交通出版社股份有限公司和山东交通学院交通土建工程学院等单位的大力支持，书中引用了一定数量的文献和研究成果，在此，对相关领导和作者一并表示感谢。

由于编者水平有限，加之时间仓促，书中疏漏之处在所难免，敬请读者批评指正。

编　者

目　　录

第1章 绪　论

1.1 土木工程的内涵及属性

1.1.1 土木工程的内涵

我国国务院学位委员会在学科简介中把土木工程定义为:土木工程是建造各类工程设施的科学技术的总称,它既指工程建设的对象,即建在地上、地下、水中的各种工程设施,也指所应用的材料、设备和所进行的勘测、设计、施工、保养、维修等技术。土木工程专业就是为培养掌握土木工程技术人才而设置的专业,土木工程是一个专业覆盖极广的一级学科。

土木工程,英文为“Civil Engineering”,可直译为“民用工程”,它的原意与军事工程“Military Engineering”相对应,即除了服务于战争的工程设施外,所有服务于生活和生产需要的民用设施均属于土木工程。后来,这个界限也不明确了。现在,已经把军用的战壕、掩体、碉堡、浮桥、防空洞等防护工程也归于土木工程的范畴。

1.1.2 土木工程的范围

土木工程的范围非常广,它包括房屋建筑工程、公路与城市道路工程、铁道工程、桥梁工程、隧道工程、机场工程、地下工程、水利水电工程、给水排水工程、港口码头工程等。国际上将运河、水库、大坝、水渠等水利工程也归为土木工程的范畴。

房屋建筑工程就其实体而言又称建筑物,是指人工修建的,供人们进行生活、生产或其他活动的房屋或场所。建筑工程主要是指房屋工程,也包括纪念性建筑、陵墓建筑、园林建筑和建筑小品等。建筑工程是兴建房屋的规划、勘察、设计、施工的总称。人们对建筑物的基本要求是安全、舒适和经济。

公路与城市道路工程、铁道工程、桥梁工程、机场工程、隧道工程等属于交通土建工程。城市道路工程影响着一个城市的发展。城市人口居住密集,交通量大,为了缓解城市交通压力,城市交通工程逐渐向三维空间发展(高架桥、地面交通及地下交通系统)。铁道工程是关系国民经济的重要通道,具有其他交通工程不可替代的重要作用。桥梁工程是土木工程中属于结构工程的一个分支学科。桥梁是交通工程中的关键性枢纽,对于道路的贯通起到关键作用。好的桥梁既是人们通行的工具,又是一件赏心悦目的艺术品。随着经济的发展和科技水平的提高,现代桥梁将向着大规模、大跨度和高安全性的方向发展。隧道工程是跨越大山、大江、大河的一种重要形式,较桥梁具有安全和跨越能力大的特点。机场工程虽不及公路和铁道工程普遍,但航空运输具有快速、安全和高效率的特点,在交通工程中也不可缺少。交通土建工程是一个国家的国民经济命脉,是经济发展的基础,交通建设在土木工程建设中占有重要地位。

地下工程是指修建在地面以下土层或岩体中的各种类型的地下建筑物或结构。开发地下空间已成为拓展人类生存空间、缓解城市用地紧张的有效途径。现在许多西方国家对地下空间的开发已经达到了相当的规模,我国的地下工程建设起步较晚,但现在力度加大,并取得了一定的成绩。

水利水电工程是土木工程的重要组成部分。修建水利水电工程的目的是调节宝贵的水资源,使其能根据需要进行分配,并同时借助水的势能发电,创造巨大的经济效益。我国的江河众多,水利资源丰富,兴建水利水电工程,合理利用水资源,为我国经济建设提供了有力支撑。

给水排水工程是指用于用水供给、废水排放和水质改善的工程,简称给排水工程,分给水工程和排水工程两部分。给排水工程是土木工程的一个分支,但它与房屋建筑、铁路、桥梁等工程存在学科特征上的差异。给排水工程的学科特征:①用水文学和水文地质学的原理解决从水体内取水和排水的有关问题;②用水力学原理解决水的输送问题;③用物理、化学和微生物学的原理进行水质处理和检验。

港口工程是水陆交通的交会点,是重要的基础设施之一。港口规划是国家和地区国民经济发展规划的重要组成部分,港口的建设关系到一个城市的后续发展。

1.1.3 土木工程的特点

相对于其他学科而言,土木工程诞生早,其发展及演变历史长,但又是一个“朝阳产业”。其强大的生命力在于人类生活乃至生存对它的依赖,可以说只要人类存在,土木工程就有强大的社会需求和广阔的发展空间。随着时代的发展和科学技术的进步,土木工程早已不是传统意义上的砖、瓦、灰、砂、石子。而是由新理论、新材料、新技术武装起来的专业覆盖面和行业涉及面极广的一级学科和大型综合性产业。

土木工程的最终任务是设计和建造各种类型的满足人类生产和生活需求的建筑物或构筑物,即通常所称的建筑产品。它与其他工业所生产的产品相比较,具有特有的技术经济特点,这主要体现在产品本身、建设过程和管理上。

建筑产品除了有其各自不同的性质、用途、功能、设计、类型、使用要求外,还具有固定性、多样性、形体庞大、所涉及的工程技术复杂等诸多共同特点。

土木工程建设具有建设周期长,所需人力、物力资源多,受环境和自然条件的影响大以及生产的流动性强和复杂性高等特点。

土木工程中的建筑管理具有创造性、系统综合性、一次性等特点。

对以上介绍的各种类型的土木工程设施的规划、勘测、设计、施工、管理和加固维修,便构成了土木工程专业所要学习的核心内容。

1.1.4 地下工程的属性

地下工程是土木工程的一个重要分支。自从人类出现以来,已有300万年以上的历史。在漫长的时期内,地下空间作为人类防御自然和外敌侵袭的防御设施而被利用。随着科学技术和人类文明的发展,这种利用也从自然洞穴的利用向人工洞室方向发展。到现在地下空间的利用形态已千姿百态,远远超出为了个人生活服务而利用的范畴,扩大到为了保持作为集团的居民生活需要空间。尤其是现代,人口向城市集中,使城市人口密集、城市功能恶化,为了保持城市功能及交通所需的空间,也开始求助于地下空间。在可预见的未来,地下空间作为人类在地球上安全而舒适生活的补助空间,在经济可持续发展中,将占据重要地位。其利用程度和规模,将会日益扩展。可以说,21 世纪将是大力开发地下空间的世纪。

地下空间是相对于地上空间而言的,是指地球表面以下由天然或挖掘形成的地下空间。例如,石灰岩山体由水冲蚀而形成的天然溶洞,人们对自然资源开采后而留存的矿井及挖掘构筑的各种地下建筑,这些都是地下空间。

地下空间建筑是指在自然形成的溶洞内或人工挖掘后进行建造的建筑,泛指各种生活、生产、防护的地下建筑物及结构物,也可特指某一类型的地下建筑,如交通隧道及国防工程等。构筑物常指那些仅满足使用功能要求而对室内外艺术要求不高的建筑,如各种管沟、矿井、库房、隧道及野战工事等。

1.2 地下空间开发的历史与发展前景

现代城市地下空间建筑的出现,一般以 1863 年英国伦敦建成的世界第一条地下铁道为标志,至今已有 150 多年的历史。大规模开发利用城市地下空间是近半个世纪才开始的。在 16 世纪上半叶,地下空间建筑常同战争防护相联系;20 世纪 60 年代以后,发达城市的地下空间开发达到空前规模,为缓解城市用地紧张起到了至关重要的作用。

1.2.1 地下空间开发利用的意义

地下空间的利用主要是与城市的发展相联系的。在现代世界中,人口的增长和城市化现象的出现,促使城市过密化,随之导致了城市运输能力的降低、饮用水不足、生活环境恶化等问题。为了解决这些问题,有必要强化城市的各项功能和改善城市的景观。为此,就要充分利用地下空间。从这一点来说,地下空间可以视为人类在城市中舒适生活的重要资源。

另外,地下空间的利用是与安全保障相联系的。现代的国际形势极其复杂,为了适应这种形势,要求助于地下空间,进行粮食、石油等重要物资的储备,减少自然灾害的威胁等。

地下空间的作用可归结为:

(1)隧道可供给城市地区的用水,并排出污水,对环境保护起重要作用。

(2)隧道可提供安全、环保、高速而经济的交通手段。

(3)地下可提供储藏空间和其他空间,使土地利用面积倍增。

(4)重要的“生命线”,如城市可充分利用地下空间,提高抗御自然灾害的能力。

(5)地下可为放射性废弃物或其他有害废弃物提供安全的场所。

(6)增加了作为生产设施、事务所以及居住等地下空间的利用。

(7)食料、液体、瓦斯等的地下储存是全球发展趋势。

(8)地下空间的利用可极大地缓和城市的混杂。

综上所述,地下空间的利用是多方面的,已渗透到人类生活的各个领域,形成了功能广泛的工程系统和科学体系,并形成对国民经济发展具有重要意义的产业部门。它是一个具有横跨岩土、地质、结构、计算机学、灾害防御等学科领域的大学科,也是21世纪重大的技术领域。

1.2.2 地下空间利用的发展概况

地下空间利用的发展过程与人类的文明历史是相呼应的。大致可以分为四个时期:

(1)第一个时期(原始时代)

从人类开始出现到公元前3000年的新石器时代,是人类利用地下空间防御自然威胁的穴居时代。这个时代主要用兽骨等工具开挖出洞穴而加以利用。

从原始人类产生到公元前3000年,人类初始就利用天然洞穴躲避风雨、抵御野兽。考古发现,距今约50万年前的北京周口店中国猿人——北京人所居住的天然山洞,应该说是最早的一处。在山西垣曲、广东韶关和湖北长阳也曾经发现旧石器时代中期"古人"居住的山洞。这种洞穴在日本、法国也发现过,如法国阿尔塞斯竖穴及封德哥姆洞。封德哥姆洞内还有原始人留下的123m长的壁画。这些都产生在新旧石器时代(图1-1)。

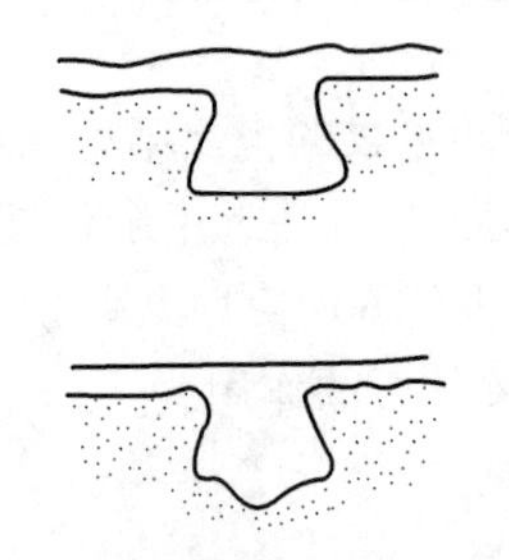

a)法国阿尔塞斯竖穴(图为新石器时代遗迹的两种剖面,上小下大,其平面略呈圆形,故称袋穴)

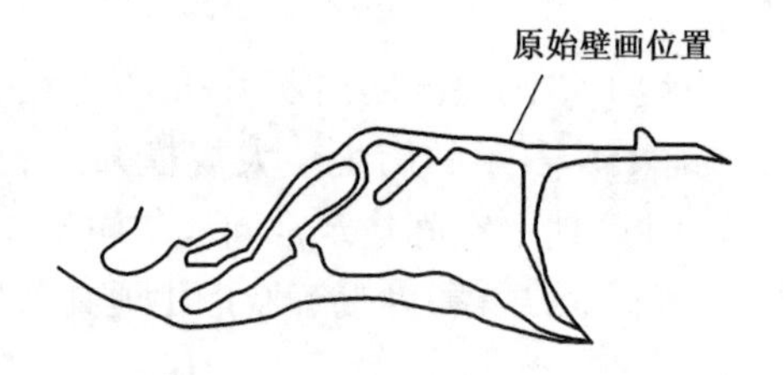

b)旧石器时代法国封德哥姆洞平面(图中所示有123m长原始壁画)

图1-1 新旧石器时代地下空间利用

(2)第二个时期(古代时期)

从公元前3000年到公元5世纪止,是地下空间为城市生活而利用的时代。这个时代也就是人们所说的人类文明时代。把这个时代的开发技术说成是今天地下空间技术的基础也不过分。例如,在修建埃及金字塔时就开始了地下空间建设。公元前2200年的古代巴比伦王朝为了连接宫殿和寺院,修建了长达1km、下穿幼发拉底河的水底隧道。在罗马时代也修筑了许多隧道工程,有的至今还在利用。

古埃及建造的金字塔群是举世闻名的。金字塔内部空间与地下空间通过甬道相连接(图1-2)。在金字塔的西面与南面还有"玛斯塔巴"群,为早期的帝王陵。

(3)第三个时期(中世纪)

从公元5世纪到14世纪。这个时期正是欧洲文明的低潮期,建设技术发展缓慢,但由于对锡、铁等金属的需求,进行了矿石开采。我国在地下空间应用方面主要有陵墓、粮仓、军用设施、宗教的石窟等。

陕西临潼骊山的秦始皇陵东西宽345m,南北长350m,三层共高43m,这是中国历史上最大的陵墓。河南洛阳一带挖掘出的西汉初期的小型墓多采用预制拼装的砖墓,由大型空心砖

(1.1m×0.405m×0.103 m)向小型砖(0.25m×0.105m×0.05m)过渡,顶部用梁式大空心砖。

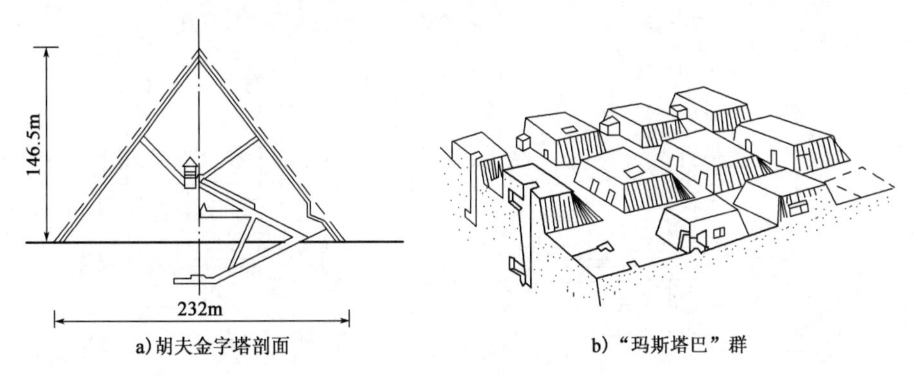

a)胡夫金字塔剖面　　b)“玛斯塔巴”群

图1-2　古埃及的地下空间利用

我国隋朝(公元7世纪)在洛阳东北建造了面积达600~700m^2的近200个地下粮仓,其中第160号仓直径11m,深7m,容量446m^3,可存粮2500~3000t;宋朝在河北峰峰(今属邯郸市)建造的军用地道,长约40km。这些民用及军用地下空间的利用,已经达到较高水平。

自公元4世纪中叶佛教传入我国后,相继建成著名的云冈石窟、莫高窟等,成为开发岩土空间的重要类型,它是在山崖峭壁上开凿出来的洞窟形的佛寺建筑,以便供僧侣的宗教活动之用。

(4)第四个时期(近代和现代)

16世纪以后,产业革命开始,这个时期由于炸药的发明和应用,加速了地下工程的发展。如有益矿物的开采、运河隧道的修建,以及随着城市的发展开始修建的地下铁道、上下水道等,使地下空间利用的范围迅速扩大。

东京火车站八重洲地下街,该项目位于日本新干线东京车站地下,一期建成时间1964年,二期建成时间1973年,建设背景处于日本经济飞速发展时期,缘于东京奥运会的举办和新干线工程的启动。建成后,平均每天的人流量15万人,其中约四分之一(约3.1万人)会在地下商业街消费,主要以饮食为主,年营业额150亿日元,11年后收回投资。东京八重洲地下空间位于城市道路和广场下方,占地面积0.35公顷,建筑面积6.4万m^2,商业空间面积1.84万m^2,是日本至今为止最大的地下商业街之一,设置出入口总数42个,每个出入口平均服务面积435m^2,室内任何一点到出入口的最大距离30m。

地下建设深度3层,地下一层主要以商业街为主,主要为出租店铺,店铺总数169个,其中服饰店95个,饮食店63个,休闲服务店11个。

地下二层布置停车库,停车库被东京高速路分隔成两部分,均通过缓冲车道与高速路衔接,左进左出设置四个衔接出入口,设置停车位516个,日均停车数量1500辆次。

地下三层主要为设备用房。整个地下空间与东京车站和周围16幢大楼相连通,如图1-3所示。

20世纪80年代后,国际隧道协会提出:“大力开发地下空间,开始人类新的穴居时代”的倡议,得到了广泛的响应。日本也提出了利用地下空间,把国土扩大10倍的设想。各国政府都把地下空间的利用,作为一项国策来推进其发展,使地下空间利用获得了迅速发展。地下空间的利用,已扩展到各个领域,发挥着重要的社会、经济效益,成为国家重要的社会资源。

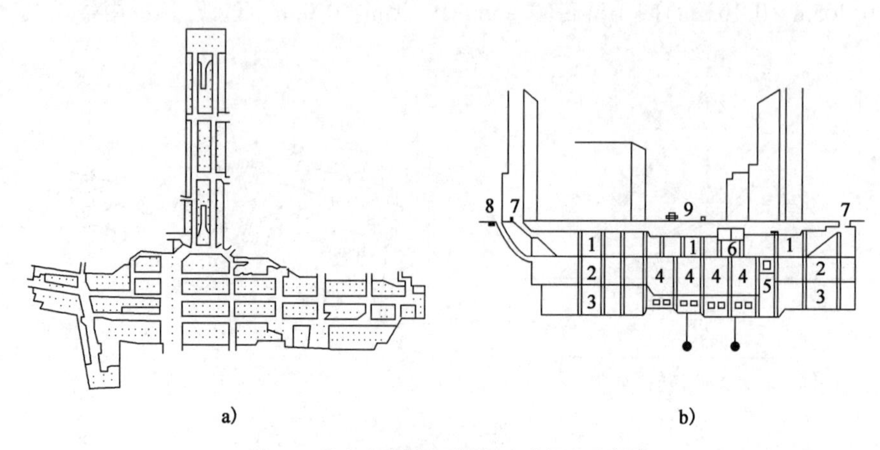

图 1-3　日本八重洲地下街混合式组合示意图

1-商店;2-库房;3-机房;4-地铁;5-污水管;6-电缆道;7-出入口;8-汽车出入口;9-街道

1.2.3　地下空间开发利用的重点

目前各国都把地下空间利用的重点放在城市建设上。如前所述,地下空间作为城市的重要资源,得到了多方面的应用,如办公楼、地下街、地下停车场、交通设施、通信设施、上下水道、废弃物处理设施、文化设施等。这些设施与地面设施一起构成了城市的立体空间网络。

从城市地下空间利用的现状看,主要发展重点在联络城市各处设施的地下通道,如地下商业街、地下联络通道和城市有轨交通系统(地下铁道和轻轨)。日本在全国 20 多个城市,共拥有 150 多处地下街,总面积约为 1200000m^2。法国巴黎、英国以及其他一些发达国家,也正在修建地下街。如加拿大的蒙特利尔已提出以地下铁道车站为中心,建造联络城市 2/3 设施的地下街网的宏伟规划。表 1-1 列举了几个城市的地下空间利用的实例。

城市地下空间利用实例　　表 1-1

城市名称	地形	地质	人口(万人)		与交通设施的联系	规　模
			区域	市内		
多伦多	平坦	岩层	235	68	铁道、地铁车站	大厦 30 座、宾馆 3 座、市厅所 1 座、商店 1000 座(从业人员 32000 人)、电影院 2 座(客流 100 万人/周)、停车场 2 处
蒙特利尔	小起伏	岩层	282	102	铁道车站	室内停车场空间 11200m^2; 步行走廊 12km、宾馆 6 座; 办公空间、集合住宅; 大学 1 所; 商店空间 91000m^2、办公楼多间; 商店 3 座、会议楼、展览厅 2 座
巴黎	平坦	岩层	851	218	郊外高速铁道、地铁、地下公路	停车场泊位 1850 个(40000m^2); 住宅 320 座、宾馆 1 座; 游泳池、体育馆、音乐厅等; 事务所面积 3000m^2

续上表

城市名称	地形	地质	人口(万人)		与交通设施的联系	规 模
			区域	市内		
札幌	平坦	冲积层	200	140	地铁、公共汽车站	店铺6300~31000m^2; 停车场12000m^2; 公共道路6500m^2; 其他6000m^2
川崎	平坦	冲积层	—	106	川崎站	店铺11900~65200m^2; 公共道路15200m^2; 停车场泊位380个

城市有轨交通系统(包括地铁、轻轨、单轨等运送系统),作为城市的基础设施和灾害防御设施,得到了巨大的发展。这是城市地下空间利用的第二个方面。许多国家都针对城市发展规模的特点,在人口超过50万的城市中,纷纷修建和发展大量(>40000人次/高峰小时)、中量(25000~40000人次/高峰小时)、小量(<25000人次/高峰小时)有轨交通系统,这是城市国际化、现代化的一个重要标志。一些国家也正在研究城市道路地下化的交通系统,如日本东京都的地下环形道路的建设,极大地减轻了地面交通的压力。我国近几年地铁和轻轨正方兴未艾,继北京地铁之后,上海、广州、深圳、南京、青岛、哈尔滨等城市地铁已经投入运营。很多城市的地铁和轻轨,都在规划和设计之中。总之,利用地下空间,开辟交通通道、增加交通面积,是解决城市"交通难"的根本性措施之一。

防灾设施的地下化,也是城市地下空间利用的重要方面。应该指出,目前人类对灾害的发生还无法完全控制。但人类能够运用所掌握的科学技术手段,有效地防御灾害,从而减轻灾害造成的损失。在城市模式的研究中也是一样。美、日等国在这一领域中研究起步较早。例如,日本城市防灾研究所1985年就提出:从防灾的角度来综合利用地下空间的基本技术政策。日本国土研究机构也发表了《地下城市》的研究报告,明确提出:从21世纪的远见出发,建立防灾型城市的构思。地下空间,作为城市防灾基础设施,应加以充分利用。其中包括:城市有轨交通系统、洪水地下宣泄系统、地下物流系统及地下物资储藏储备系统等,都应按防灾型城市的要求,统一规划、统一实施,以提高整个城市的总体抗灾能力。

随着经济的迅速发展,城市人口也急剧增长。为解决人口流动与就业点相对集中给交通、环境等带来的压力,修建各类隧道及地下工程已成为必然趋势,这给隧道及地下工程的建设带来了机遇。以我国为例,铁路隧道方面,截至2015年底,全国在建铁路隧道3784座,总长8692km;规划隧道4384座,总长9345km;运营隧道13411座,总长13038km。近年来,我国青藏铁路关角隧道、兰渝铁路西秦岭隧道等一大批重难点工程相继贯通。公路隧道方面,截至2015年底,我国内地运营公路隧道14006座,总长12684km;目前最长的公路隧道为17.1km长的木寨岭隧道,于2016年7月18日贯通。

地铁隧道方面,截至2015年底,我国内地已有22个城市开通了地铁,拥有97条运营线路,总里程达2934km;在建126条线路,总里程超过3000km。水工隧洞方面,根据"国家172项引水工程建设计划",新建水工隧洞数量持续增加,其中兰州市水源地引水隧洞

(31.57km)、北疆供水工程喀双隧洞(283.27km)、东北引松供水隧洞等水工隧洞相继开工建设。

海底隧道方面,厦门翔安海底隧道是我国内地建设的第一条海底隧道,全长约9km(海底隧道5.95km,其中海域段4.2km),隧道最深处位于海平面以下约70m,工程浩大。青岛胶州湾海底隧道从地下穿越胶州湾海域,隧道总长约7.8km(含青岛端接线工程,其中海域段约3.95km)。港珠澳大桥主体工程海底隧道由东西岛头的隧道预埋段、每节排水量达8万t的33节预制沉管及长约12m、重达6500t的“最终接头”拼接而成,全长约6.7km,是迄今(2019年)为止世界最长、埋入海底最深(最大埋深近50m)、单个沉管体量最大、隧道车道最多、综合技术难度最高的沉管隧道。

1.3 土木工程专业学习与要求

1.3.1 科学、技术与工程的关系

在日常交流及报刊文章中,“科学技术”常作为一个词来应用,科学与技术的关系非常紧密,但仔细分辨起来,科学与技术还有很大区别。

科学是关于事物的基本原理和事实的有组织、有系统的认识。科学的主要任务是研究世界万物发展变化的客观规律,科学解决一个为什么的问题,例如解释电灯为什么会亮。科学的英文名为Science。

技术则是将科学研究所发现或传统经验所证明的规律发展转化为各种生产工艺、作业方法、操作技能、装置设备等。其主要任务为生产某种满足人类需求的产品服务,解决的是一个如何实现的问题,如怎样使电灯发光。技术的主要任务是为生产某种满足人类需求的产品服务,其英文名为Technique。

科学和技术虽联系密切,但毕竟是两个不同的概念。举例来说,科学上已发现放射性元素(如铀235)的核裂变可以释放出巨大的能量,这便是制造原子弹的科学依据。但是从原理到制造出原子弹还需要解决一系列技术问题,如铀矿中提纯铀235,反应速度的控制,快速引爆机构等,因此每一个拥有原子弹的国家都用了很长的时间才能制造出来。而至今尚有一些国家渴望制造原子弹,但因技术不过关未能如愿。

在高等学校入学考试、选择志愿时,理工科属于一个大类,其实选择理科(如数学、物理、化学、生物、力学等)的学生侧重学习科学,当然也要学习技术,以便应用;而选择工科(如土木、机械、化工、计算机等)的学生在学习中则更侧重于学习技术,当然要掌握技术的前提是掌握其科学原理。

工程的含义则更为广泛,工程是指自然科学或各种专门技术应用到生产部门而形成的各种学科的总称,英文名为Engineering,其目的在于利用和改造自然来为人类服务。通过工程可以生产或开发对社会有用的产品。一般说来,工程不仅与科学和技术有关,而且受到经济、政治、法律、美学等多方面的影响。例如,基因工程的克隆技术,有些国家已经掌握了克隆动物的技术,并且克隆羊、克隆牛、克隆鼠等均已问世,但是克隆人,至今则没有一个国家被法律所允许。可见,工程是科学技术的应用与社会、经济、法律、人文等因素结合的一个综

合实践过程。对于选择工科的学生来讲,尤其要重视这一点。

1.3.2 土木工程专业的知识、能力和素质要求

我国高等教育土木工程专业的培养目标是:培养适应社会主义现代化建设需要,德智体全面发展,掌握土木工程学科的基本理论和基本知识,获得土木工程师基本训练,具有创新精神的高级工程科学技术人才,毕业后能从事土木工程设计、施工与管理工作,具有初步的工程规划与研究开发的能力。

下面就土木工程的知识、能力方面的要求做简要介绍。

基本理论包括基础理论和应用理论两个方面。基础理论主要包括高等数学、物理和化学;应用理论包括工程力学(理论力学、材料力学)、结构力学、流体力学(水力学)、土力学与工程地质学等。

土木工程专业知识与技术包括土木工程结构(如钢结构、木结构、混凝土结构、砌体结构等)的设计理论和方法、土木工程施工技术与组织管理、房屋建筑学、工程经济、建设法规、土木工程材料、基础工程、结构检验、土木工程抗震设计等。

其他相关知识和技能有给水排水、供暖通风、电工电子、工程机械、工程制图、工程测量、材料试验与结构试验、外语及计算机在土木工程中的应用等。

在土木工程学科的系统学习中,不仅应注意知识的积累,更应注重能力的培养。从成功的土木工程师的实践经验中得出以下几点,应予以重视:

(1)自主学习能力

大学只有4年,所学的东西有限,而土木工程内容广泛,新技术层出不穷,因此通过自主学习,不断扩大知识面的自我成长的能力非常重要。专业知识之外,加强人文素质教育和拓宽专业知识也不能忽略,要向书本学习,向老师、同学学习,善于在网上学习,查阅文献,并且在实践中学习总结,逐步提高。

(2)综合解决问题的能力

大学期间的课程大多数是单科教学,有一些综合训练和毕业设计是训练学生综合解决实际问题能力的重要方式,学生应特别珍惜。实际工程问题的解决总是要综合运用各种知识和技能,学生在学习过程中要注意培养这种综合能力,尤其是设计、施工等实践工作的能力。

(3)创新能力

社会进步、经济发展,对人才创新能力的要求也日益提高。创新是社会进步、科技发展的动力,创新能力是人才能力的核心。创新不仅是指创造发明新理论、新技术、新材料等,也包括解决工程问题的新思路、新方法、新方案。学生在课程设计、毕业设计等实践教学环节中,要注重加强方案阶段训练,本着精益求精的工作态度,设想出多种方案并努力寻求最佳结果、提高开拓创新能力。

(4)协调、管理能力

土木工程不是一个人能完成的,一项土木工程少则数十人,多则成千上万人共同努力才能完成。为此,培养自己的管理与协调能力相当重要。同学们毕业后走上工作岗位,作为土木工程管理体系中的一分子,往往会管理一部分人同时也受人管理,在工作中一定要处理好

人际关系。对上级要尊重,有不同意见应当面提出讨论,努力负责地完成上级交给的任务;对同事既竞争又友好;对待下级,严格要求的同时也关心体贴。做事要合情、合理、合法,要有团队精神,厚德载物,共求事业发展。

1.3.3 土木工程主要学习方法及学习建议

大学的教学和训练与中学相比要多样化一些,主要教学形式有课堂教学、实验教学、设计训练和施工实习。下面对这几个环节的教学给出简要介绍和学习方法建议。

(1)课堂教学

课堂教学是最主要的教学形式,即通过老师的讲授、学生听课来学习。不同于中学的课堂教学,一是大学教学内容多、进度快,学生要及时适应,跟上节奏;二是大学上课普遍采用合班,老师未必熟悉大班中每位学生,听课效果的好坏主要靠学生自主努力;三是大学教学内容,尤其是专业知识更新较快,教师可能随时对教材的内容补充或删减,学生要注意教师的讲解,及时做好笔记。

课堂教学后,要及时复习巩固、对课程的重点或难点内容加深理解,对于不懂的问题不要放过,先自己思考,也可以与同学切磋,或在适当的时候请老师答疑讨论。

(2)实验教学

通过实验手段掌握实验技术,弄懂科学原理。除了物理、化学等开设实验课之外,在土木工程专业中还开设材料实验、结构检验等实验课程,这不仅是学习掌握基本理论的需求,同时也是熟悉国家相关实验、检测规程,熟悉实验方法及学习撰写实验报告的需求,不要有重理论轻实验的思想,应认真做好每一次实验,并鼓励学生自主设计、规划实验。

(3)设计训练

任何一项土木工程项目确定后,首先要进行设计,然后才能施工。设计是综合运用所学知识,提出自己的设想和技术方案,并以工程图及说明书来表达自己的设计意图,通过设计训练在根本上培养学生自主学习、自主解决实际问题的能力。

设计土木工程项目一定会受到多方面的约束,而不像单科习题那样只有一二个已知的约束,这种约束不仅有科学技术方面的,还有人文经济等方面的。使土木工程项目"满足功能需要、结构安全可靠、成本经济合理、造型美观悦目"是土木工程项目设计的总体目标。要达到这样的目的,必须综合运用各种知识并发挥人的主观能动性,而其答案也不会是唯一的。这对培养学生的综合能力、创新能力有很大作用。

(4)施工实习

在土木工程专业的各项实践环节中,除了毕业设计(或毕业论文)之外,实践时间最长的就是生产实习,据此也可以判断出生产实习的重要程度。这是贯彻理论联系实际,使学生到施工现场或管理部门学习生产技术和管理知识的重要手段,一般在统一要求下分散进行。这不仅是对学生能否在实际中学习知识技能的一种训练,也是对学生敬业精神、劳动纪律及职业道德等方面的综合检验。

主动认真进行施工实习,虚心地向工地工人、工程技术人员请教,可以学习到许多在课堂上学不到的知识和技能,但如果马马虎虎,仅为完成实习报告而走过场,则会白白浪费自己宝贵的时间。能否成为土木工程方面的优秀人才,施工实习至关重要。

第2章　土木工程材料

土木工程材料是指与土木工程设计、施工、建设、维护相关联的各类材料的总称。主要包括:土、砂、石、砖、木、混凝土、金属材料、沥青、橡胶等。

2.1　概　　述

任何一种建筑物或构筑物都是用土木工程材料按某种方式组合而成的,没有土木工程材料,就没有土木工程,因此土木工程材料是一切土木工程的物质基础。土木工程材料在土木工程中应用量巨大,材料费用在工程总造价中占40% ~70% ,如何从品种门类繁多的材料中,选择物优价廉的材料,对降低工程造价具有重要意义。

土木工程材料的性能影响土木工程的坚固、耐久和适用,不难想象木结构、砌体结构、钢筋混凝土结构和砖混结构的建筑物性能之间的明显差异。例如砖混结构的建筑物,其坚固性一般优于木结构和砌体结构建筑物,而舒适性不及后者。对于同类材料,性能也会有较大差异,例如用矿渣水泥制作的污水管较普通水泥制作的污水管耐久性好。因此选用性能相宜的材料是土木工程质量的重要保证。

2.1.1　土木工程材料的发展

土木工程材料的研究和利用一直伴随着人类社会和文明的发展而进步。人类最早是穴居巢处,进入石器时代后,才开始利用土、木、石等天然材料从事营造活动,主要表现为挖土凿石为洞,伐木搭竹为棚。随着人类文明的进步和社会生产力的发展,人类进而利用天然材料进行简单加工,砖、瓦等人造土木工程材料相继出现,这一类材料的使用一直延续到今天。

17 世纪 70 年代,人类开始在土木工程中使用生铁。19 世纪初,开始把熟铁用于土木工程建设之中。19 世纪中叶开始,建筑钢材开始出现在建筑历史上。19 世纪 20 年代,随着波特兰水泥的发明,混凝土材料开始大量使用。钢筋混凝土、预应力混凝土材料随之出现,并很快成为建筑材料的主流。

随着人类社会的进步和发展,更有效地利用地球上的有限资源和能源,全面改善人类工作与生活环境,迅速地扩大人类的生存空间,满足越来越高的安全、舒适、美观、耐久的要求。实现土木工程的可持续发展,将成为土木工程面临的新挑战,也对土木工程材料提出了更多和更高的要求。今后,在原材料方面,最大限度地节约有限的资源,充分利用可再生资源和工农业废料;在生产工艺方面,尽量降低原材料及能源消耗,大力减少环境污染;在性能方面,力求轻质、高强、耐久和多功能,并考虑材料的安全性和可再生性。在产品形式方面,积极发展预制技术,提高产品构件化、单元化的水平。人类进入 21 世纪后,土木工程材料正向着高性能、多功能、安全和可持续发展的方向改进。

2.1.2 土木工程材料的定义和分类

在土木工程建设过程中,建筑物实体是由材料堆砌或联结而成的,建筑物的许多性质也都是以材料作为基本载体体现出来。因此,选择与使用材料是各项土木工程建设中的首要任务。

从广义的角度来说,土木工程材料就是土木工程中使用的各种材料,或构成建筑物的各种材料。由于土木工程建设中所涉及的材料品种繁多,几乎涵盖了自然界中的所有材料,难以根据其组成或结构特点予以确切的定义。为便于掌握其应用规律,通常从不同角度来分类。

(1)按主要构成组分分类

土木工程材料按主要构成组分可分为有机材料(如木材、天然纤维、天然橡胶、合成纤维、合成橡胶、合成树脂及胶粘剂等),无机材料(如各种钢材、铝材、铜材、天然石材、水泥、石灰、石膏、陶瓷、玻璃与其他无机矿物材料及其制品等)和复合材料(如橡胶改性沥青、聚合物混凝土、钢筋混凝土、钢纤维混凝土、玻璃纤维增强水泥等)。

(2)按材料在工程中的主要功能分类

土木工程材料按其在工程中的主要功能可分为结构材料(如组成结构物的基础、柱、梁、板等的材料)和其他功能材料(如围护材料、防水材料、装饰材料、保温隔热材料等)。

(3)按使用部位分类

土木工程的不同部位,各自的技术指标要求可能不同,对所使用材料的主要性能要求就会有所差别。按照使用部位区分,常用的土木工程材料主要有建筑结构材料、桥梁结构材料、水工结构材料、路面结构材料、建筑墙体材料、表面装饰与防护材料、屋面或地下防水材料等。

2.2 土木工程材料基本性质

2.2.1 密度

(1)材料体积

体积是物体所占有的空间尺寸大小,其度量单位通常以“cm^3”或“m^3”表示。依据不同的结构状态,材料的体积可以采用不同的参数来表示。

(2)密度

密度是指材料所具有的质量(M)与其密实体积(V)之比。材料的密度通常以ρ表示,其计算公式为

$$\rho = \frac{M}{V}$$

式中:ρ——材料的密度,g/cm^3;

M——材料的质量,g;

V——材料的绝对密实体积,cm^3。

其中,质量是指材料所含物质的多少,通常以重量的大小来近似衡量材料的质量。值得指出的是,重量是指材料所受重力的大小,它与质量的概念有本质的区别。

材料在绝对致密状态下的体积是材料的密实体积。常用土木工程材料中除钢材、玻璃及沥青等外,绝大多数材料都因含有内部孔隙而不能直接测定其密实体积,因此,也难以直接测定其密度,须将材料磨成细粉后以特殊方法测定。

2.2.2　力学性质

力学性质是指材料抵抗外力的能力及其在外力作用下的表现,通常以材料在外力作用下所表现的强度或变形特性来表示。

1. 强度

强度是指材料在外力作用下抵抗破坏的能力,并以单位面积上所能承受荷载的大小来表示。

材料在受外力作用时,便产生内部应力,且应力随外力的增大而增大,当应力超过材料内部质点间结合力所能承受的极限时,便会导致内部质点间的断开或错位,此极限应力值通常称为材料的强度。因此,材料的强度本质上就是其内部质点间结合力的表现。不同的宏观或细观结构,往往对材料内质点间结合力的特性具有决定性的作用,从而使材料表现出大小不同的宏观强度或变形特性。

结构材料在土木工程中的主要作用就是承受结构荷载。对多数结构物来说,相当一部分的承载能力用于抵抗本身或其上部结构材料的自重荷载,只有剩余部分的承载能力才能用于抵抗外荷载。为此,提高材料承受外荷载的能力,不仅应提高其强度,还应减轻其本身的自重,才能满足高层建筑及大跨度结构工程的要求。

2. 弹性与塑性

在土木工程中,外力作用下材料的破坏就意味着工程结构的破坏,此时材料的极限强度就是确定工程结构承载能力的依据。但是,有些工程中即使材料本身并未断开破坏,但在外力作用下质点间的相对位移或滑动过大也可能使工程结构丧失承载能力或正常使用状态,这种质点间相对位移或滑动的宏观表现就是材料的变形。主要有弹性变形和塑性变形两种最基本的力学变形,此外还有黏性流动变形和徐变变形等。

(1)弹性与弹性变形

材料在外力作用下产生变形,外力去除后能恢复为原来形状和大小的性质称为弹性,这种可恢复的变形称为弹性变形。

弹性模量(E)是反映材料抵抗变形能力的指标,其值越大,表明材料抵抗变形的能力越强,相同外力作用下的变形就越小。材料的弹性模量是土木工程结构设计和变形验算所依据的主要参数之一。

(2)塑性与塑性变形

材料在外力作用下产生变形,在其内部质点间不断开的情况下,外力去除后仍保持变形后形状和大小的性质就是塑性,这种不可恢复的变形称为塑性变形。

3. 脆性与韧性

(1)脆性

外力作用下,材料未产生明显的变形而发生突然破坏的性质称为脆性,具有这种性质的材料称为脆性材料。一般脆性材料的抗静压强度较高,但抗冲击能力、抗振动能力、抗拉及抗折(弯)强度很差。土木工程中常用的无机非金属材料多为脆性材料,例如,天然石材、普通混凝土、砂浆、普通砖、玻璃及陶瓷等。

(2)韧性

韧性材料在振动或冲击等荷载作用下,能吸收较多的能量,并产生较大的变形而不突然破坏的性质称为韧性。材料韧性的主要特征表现就是在荷载作用下能产生较明显的变形,破坏过程中能够吸收较多的能量。

4. 硬度与耐磨性

(1)硬度

硬度是指材料表面抵抗硬物压入或刻划的能力。土木工程中为保持建筑物的使用性能或外观,常要求材料具有一定的硬度,如部分装饰材料、预应力钢筋混凝土锚具等。

(2)耐磨性

耐磨性材料的耐磨性是指材料表面抵抗磨损的能力。

2.2.3 基本物理性质

(1)亲水性与憎水性

与水接触时,有些材料能被水润湿,而有些材料则不能被水润湿,对这两种现象来说,前者为亲水性,后者为憎水性。

材料具有亲水性或憎水性的根本原因在于材料的分子结构(是极性分子或非极性分子),亲水性材料与水分子之间的分子亲合力大于水本身分子的内聚力;反之,憎水性材料与水分子之间的亲合力小于水本身分子间的内聚力。

(2)吸水性

材料在水中吸收水分的能力,称为材料的吸水性,并以吸水率表示该能力。材料吸水率的表达方式有两种:质量吸水率和体积吸水率。质量吸水率是指材料在吸水饱和时所吸水量占材料干质量的百分比。体积吸水率是指材料在吸水饱和时所吸水的体积占材料自然体积的百分率。

(3)吸湿性

吸湿性是指材料吸收潮湿空气中水分的性质。当较干燥的材料处于较潮湿的空气中时,便会吸收空气中的水分;而当较潮湿的材料处在较干燥的空气中时,便会向空气中放出水分。前者是材料的吸湿过程,后者是材料的干燥过程(此性质也称为材料的还湿性)。

(4)耐水性

耐水性是指材料在长期饱水作用下不破坏,强度也不显著降低的性质。衡量材料耐水性的指标是材料的软化系数。

(5)抗渗性

抗渗性通常是指材料抵抗压力水渗透的能力。土木工程中许多材料常含有孔隙、孔洞或其他缺陷,当材料两侧的水压差较高时,水可能从高压侧通过内部的孔隙、孔洞或其他缺陷渗透到低压侧。这种压力水的渗透,不仅会影响工程的使用,而且渗入的水还会带入对材料具有腐蚀性的介质,或将材料内的某些成分带出,从而造成材料的破坏。因此,长期处于有压水中时,材料的抗渗性就是决定其工程使用寿命的重要因素。

2.3 砌筑材料

2.3.1 砌筑石材

凡采自天然岩石,经过加工或未经加工的石材,统称为天然石材。

天然石材是最古老的土木工程材料之一。天然石材具有成本低、来源广泛、抗压强度较高、耐久性好、装饰性美观等优点,这些特点使其可以在土木工程建设中广泛应用。但是,石材也存在着抗拉强度低、自重大、性脆和抗震性能差等缺点。

砌筑石材可分为毛石、料石、饰面石材、色石渣和石子。毛石也称片石,是采石场由爆破直接获得的形状不规则的石块。根据平整程度,又将其分为乱毛石和平毛石两类。料石根据加工粗细程度不同可分为细料石、半细料石、粗料石和毛料石。饰面石材是用于建筑物内外墙面、柱面、地面、栏杆、台阶等处装修用的石材;色石渣也称色石子,是由天然大理石、白云石、方解石或花岗岩等石材经破碎、筛选加工而成,作为集料主要用于人造大理石、水磨石、水刷石、干粘石、斩假石等建筑物面层的装饰工程;石子在混凝土组成材料中称为粗集料,石子除用作混凝土粗集粒外,路桥工程、铁道工程的路基、道砟等也常用。

2.3.2 砂

砂是组成混凝土和砂浆的主要组成材料之一,是土木工程的大宗材料。砂一般分为天然砂和人工砂两类。由自然条件作用(主要是岩石风化)而形成的,粒径在 5 mm 以下的岩石颗粒,称为天然砂。按其产源不同,天然砂可分为河砂、海砂和山砂。山砂表面粗糙,颗粒多棱角,含泥量较高,有机杂质含量也较多,故质量较差,但与水泥黏结较好。海砂和河砂表面圆滑,与水泥的黏结较差,海砂含盐分较多,对混凝土和砂浆有一定影响;河砂较为洁净,故应用较广。

砂的粗细程度是指不同粒径的砂粒混合在一起的平均粗细程度。通常有粗砂、中砂、细砂之分。配制混凝土时,应优先选用中砂。砌筑砂浆可用粗砂或中砂,由于砂浆层较薄,对砂子最大粒径应有所限制。

2.3.3 砖

砖是一种常用的砌筑材料。砖瓦的生产和使用在我国历史悠久,有“秦砖汉瓦”之称。制砖的原料容易取得,生产工艺比较简单,价格低、体积小、便于组合。所以至今仍然广泛地用于墙体、基础、柱等砌筑工程中。但是由于生产传统黏土砖毁田、取土量大、能耗高、砖自重大,施工生产中劳动强度高、工效低,因此有逐步改革并用新型材料取代的必要。比如推广使用利用工业废料制成的砖,这不仅可以减少环境污染,节约大片良田,而且可以节省大量燃料煤。有的城市已禁止在建筑物中使用黏土砖。

砖按照生产工艺分为烧结砖和非烧结砖;按所用原材料分为黏土砖、页岩砖、煤矸石砖、粉煤灰砖、炉渣砖和灰砂砖等;按有无孔洞分为实心砖、多孔砖和空心砖(图 2-1 ~ 图 2-3)。

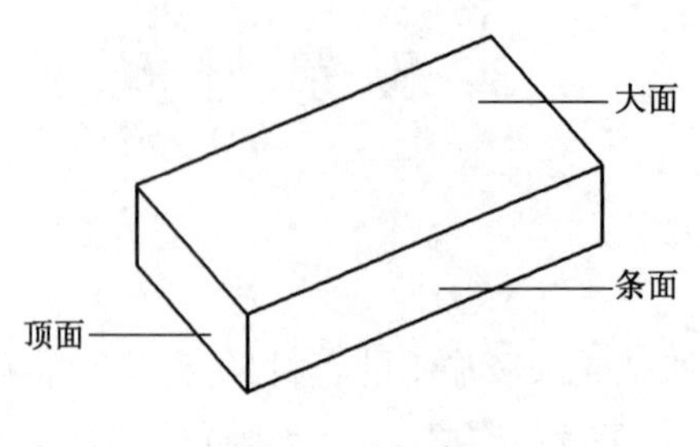

图 2-1　实心砖

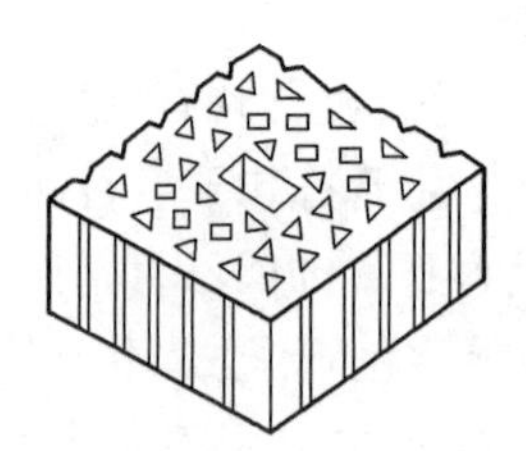
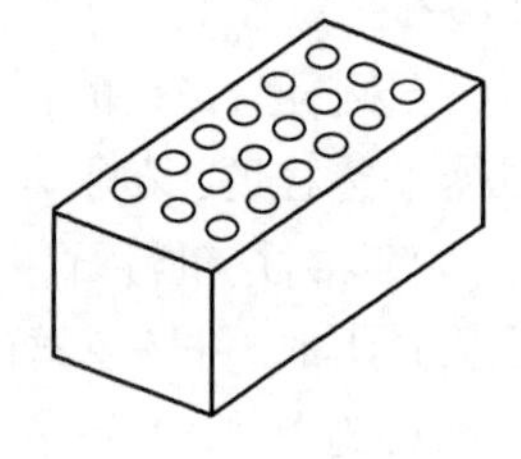
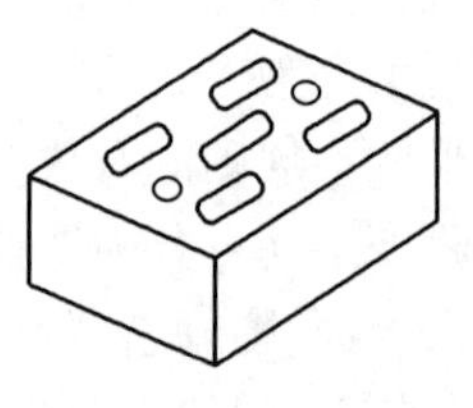

图 2-2　烧结多孔砖(竖孔空心砖,承重)

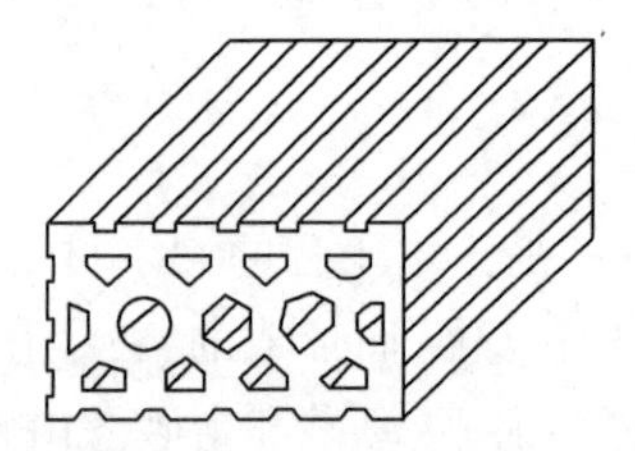
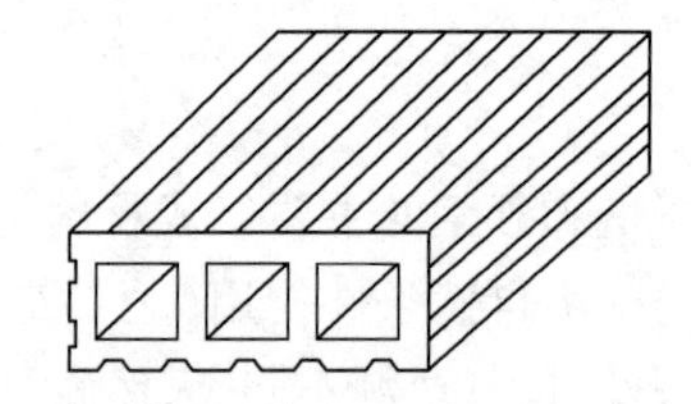

图 2-3　烧结空心砖(水平孔空心砖,非承重)

近年来,国内外都在研制非烧结砖。非烧结黏土砖是利用不适合种田的山泥、废土、砂等,加入少量水泥或石灰作固结剂及微量外加剂和适量水混合搅拌压制成型,自然养护或蒸养一定时间即成。如:日本用土壤、水泥和 EER 液混合搅拌压制成型,自然风干而成的 EER 非烧结砖;江西省建材研究院研制成功的红壤土、石灰非烧结砖;深圳市建筑科学中心研制成功的水泥、石灰、黏土非烧结空心砖等。可见,非烧结砖是一种有发展前途的新型材料。

图 2-4　屋面材料——瓦

2.3.4　瓦

瓦是屋面材料(图 2-4)。瓦的种类较多,按所用材料分,有黏土瓦、水泥瓦、石棉水泥瓦、钢丝网水泥瓦、聚氯乙烯瓦、玻璃钢瓦、沥青瓦等;按形状分,有平瓦和波形瓦两类。不同的瓦一般均根据尺寸偏差、外观质量和物理力学性能分为优等品、一等品和合格品三个等级,或分成一等品和合格品两个等级。

2.4 胶凝材料

建筑上用来将砂子、石子、砖、石块、砌块等散粒材料或块状材料黏结为整体的材料，统称为胶凝材料或胶结材料。

胶凝材料按化学成分可分为有机胶凝材料和无机胶凝材料两大类。有机胶凝材料是以高分子化合物为主要成分的胶凝材料，如沥青、树脂等。无机胶凝材料则按硬化条件不同，分为气硬性和水硬性两种。气硬性胶凝材料是只能在空气中硬化，也只能在空气中保持或继续发展其强度的胶凝材料，如石膏、石灰、水玻璃等。水硬性胶凝材料是不仅能在空气中硬化，而且能更好地在水中硬化，并保持和继续发展其强度的胶凝材料，如各种水泥。

气硬性胶凝材料只适用于地上或干燥环境，水硬性胶凝材料既适用于地上，也可用于地下或水中环境。

2.4.1 水泥

水泥是水硬性胶凝材料，即加水拌和成塑性浆体，能在空气中和水中凝结硬化，可将其他材料胶结成整体，并形成坚硬石材的材料。水泥不但大量应用于土木工程，还广泛用于工业、农业和国防建设等工程。

水泥是目前土木工程建设中最重要的材料之一，它在各种工业与民用建筑、道路与桥梁、水利与水电、海洋与港口、矿山及国防等工程中广泛应用。水泥在这些工程中可用于制作各种混凝土与钢筋混凝土构筑物和建筑物，并可用于配制各种砂浆及其他各种胶结材料等。

为满足土木工程建设发展的需要，水泥品种越来越多，产量和应用量也不断增加。我国2003年的水泥年产量已超过8亿t，且已经连续十几年居世界首位；随着生产装备的大型化和自动化水平提高，水泥的质量水平在不断提高的基础上，其性能也更为稳定。

土木工程中应用的水泥品种有上百个，按其化学成分可分别属于硅酸盐系水泥、铝酸盐系水泥、硫铝酸盐系水泥、铁铝酸盐系水泥等不同的系列，其中以硅酸盐系水泥的应用最为广泛。按其应用范围又可以分为通用(常用)水泥、专用水泥、特性水泥等。

通用水泥是指一般土木工程中大量用的若干水泥品种，主要包括硅酸盐系中的硅酸盐水泥、普通硅酸盐水泥、矿渣硅酸盐水泥、火山灰硅酸盐水泥、粉煤灰硅酸盐水泥和复合硅酸盐水泥六大水泥品种。专用水泥是指专门用途的水泥，如砌筑水泥、道路水泥等。特性水泥则是指某种性能比较突出的水泥，如快硬硅酸盐水泥、白色硅酸盐水泥、抗硫酸盐硅酸盐水泥、低热硅酸盐水泥、硅酸盐膨胀水泥等。

水泥有袋装水泥和散装水泥。储存、运输、保管水泥时，应注意：防潮防水，分类储存，储存期不宜过长。

2.4.2 石灰

石灰在建筑史上曾有过辉煌的时期，是我国传统建筑工程上使用较早的矿物胶凝材料之一，其生产工艺简单，成本低，具有较好的建筑性能，用途广泛。

在水泥砂浆中加入石灰浆，可使砂浆的可塑性和保水性显著提高。石灰一般不单独使用,除调成石灰乳作薄层粉刷外,通常施工时要掺入一定量的集料(如砂子等)或纤维材料(如麻刀、纸筋等),并且石灰不宜用于潮湿环境。

石灰除了可以制作石灰乳涂料、配制砂浆外,还可以拌制石灰土和石灰三合土:消石灰粉与黏土拌和,称为灰土,若再加入砂(或碎石、炉渣等)即成三合土。灰土和三合土在夯实或压实下,密实度大大提高,使黏土的抗渗能力、抗压强度、耐水性得到改善。三合土和灰土主要用于建筑物基础、路面和地面的垫层。

2.4.3 石膏

石膏属于气硬性胶凝材料。在建筑工程中的应用很广泛。石膏胶凝材料具有许多优良的建筑性能,而且可以制成多种建筑制品。石膏胶凝材料品种很多,建筑上使用较多的是建筑石膏,其次是高强石膏。此外,还有无水石膏水泥等。

石膏具有凝结硬化快、防火性能良好、隔热、吸声性良好、具有一定的调温调湿性和加工性能好等特点。

2.4.4 水玻璃

水玻璃是一种能溶于水的硅酸盐制品,可以用水稀释成任意浓度,它由不同比例的碱金属氧化物和二氧化硅组成,化学通式为 $R_2O \cdot nSiO_2$(n 为水玻璃的模数),常见的水玻璃有硅酸钠($Na_2O \cdot nSiO_2$)和硅酸钾($K_2O \cdot nSiO_2$)等,以硅酸钠水玻璃最为常用。

在天然石材、黏土砖、混凝土和硅酸盐制品表面,涂刷一层水玻璃,能提高制品的密实性、抗水性和抗风化能力;将液态水玻璃和氯化钙溶液交替注入土壤中,两者反应析出硅酸胶体,能起胶结和填充孔隙的作用,并可阻止水分的渗透,提高土壤密度和强度,常用于局部地基加固处理;水玻璃中加入2~5种矾,可配制成各种快凝防水剂。掺入到水泥浆、砂浆或混凝土中,可堵漏、填缝及作局部抢修。

2.4.5 沥青、沥青制品

沥青材料是由一些极其复杂的高分子碳氢化合物和这些碳氢化合物的非金属(氧、硫、氮)衍生物所组成的混合物。沥青按其在自然界中获得的方式,可分为地沥青(包括天然地沥青、石油地沥青)和焦油沥青(包括煤沥青、木沥青、页岩沥青等)。以上这些类型的沥青在土木工程中最常用的主要是石油沥青和煤沥青,其次是天然沥青,天然沥青在我国也有较大储量。

沥青除用于道路工程外,还可以作为防水材料用于房屋建筑,及用作一般土木工程的防腐材料等。

沥青砂浆是由沥青、矿质粉料和砂所组成的材料。如再加入碎石或卵石,就成为沥青混凝土。沥青砂浆用于防水,沥青混凝土用于路面和车间大面积地面等。

2.5 钢　　材

土木工程中常用的钢材可分为钢结构用型钢和钢筋混凝土结构用钢筋(丝)两大类。各种型钢和钢筋的性能,主要取决于所用的钢种及其加工方式。

2.5.1 钢筋

钢筋主要用于混凝土结构中,是土木工程中用量最大的钢材之一,主要有以下几种。

(1)低碳钢热轧圆盘条

低碳钢热轧圆盘条的强度较低,但具有塑性好、伸长率高、便于弯折成形、容易焊接等特点。可用作中小型钢筋混凝土结构的受力钢筋或箍筋,以及作为冷加工(冷拉、冷拔、冷轧)的原料。

(2)热轧钢筋

用加热钢坯轧成的条形成品钢筋,称为热轧钢筋。它是建筑工程中用量最大的钢材品种之一,主要用于钢筋混凝土和预应力混凝土结构的配筋。

热轧钢筋按其轧制外形分为;热轧光圆钢筋、热轧带肋钢筋。带肋钢筋通常为圆形横截面,且表面通常带有两条纵肋和沿长度方向均匀分布的横肋。按肋纹的形状分为月牙肋和等高肋。月牙肋钢筋有生产简便、强度高、应力集中敏感性小、疲劳性能好等优点,但其与混凝土的黏结锚固性能稍逊于等高肋钢筋。

(3)钢筋混凝土用余热处理钢筋

余热处理钢筋即热轧后立即穿水,进行表面控制冷却,然后利用芯部余热自身完成回火处理所得的成品钢筋。

(4)冷轧带肋钢筋

冷轧带肋钢筋采用热轧圆盘条经冷轧而成,表面带有沿长度方向均匀分布的二面或三面的月牙肋。根据《冷轧带肋钢筋》(GB/T 13788)规定,其牌号按抗拉强度最小值分为4个等级,即CRB550、CRB650、CRB800、CRB970。CRB550钢筋公称直径范围为4~12mm,CRB650及以上牌号钢筋的公称直径为4mm、5mm、6mm。

(5)预应力混凝土用钢筋

预应力混凝土用热处理钢筋:指用热轧中碳低合金钢钢筋经淬火、回火调质处理的钢筋。预应力混凝土用螺纹钢筋:是一种热轧成带有不连续的外螺纹的直条钢筋,该钢筋在任意截面处,均可用带有匹配形状的内螺纹的连接器或锚具进行连接或锚固。

(6)预应力混凝土用钢丝和预应力混凝土用钢绞线

预应力混凝土用钢丝是采用索氏体化盘条,经冷拉或冷拉后消除应力处理而制得的高强度钢丝。预应力混凝土用钢丝可分为冷拉钢丝及消除应力钢丝两种,消除应力钢丝按松弛性能又分为低松弛级和普通松弛级,按外形又可分为光面钢丝、螺旋肋钢丝和刻痕钢丝三种。

2.5.2 型钢

钢结构构件一般应直接选用各种型钢。型钢之间可直接连接或附加连接钢板进行连接。连接方式可铆接、螺栓连接或焊接。所以,钢结构所用钢材主要是型钢和钢板。型钢有热轧及冷成型两种,钢板也有热轧和冷轧两种。

2.5.3 专门结构用钢

专门结构用钢包括桥梁用结构钢、钢轨钢等。

2.6 混凝土和钢筋混凝土

混凝土是指由胶凝材料、集料、水按一定比例配制(也常掺入适量的外加剂和掺合料),经搅拌振捣成型,在一定条件下养护而成的人造石材。在工程中,混凝土常简写为“砼”,它是现代土木工程中用途最广、用量最大的建筑材料之一。

混凝土具有原料丰富、价格低廉、生产工艺简单的特点,因而使其用量越来越大;同时混凝土还具有抗压强度高、耐久性好、强度等级范围宽等特点,使其使用范围十分广泛,不仅在各种土木工程中使用,在造船业、机械工业、海洋开发、地热工程等领域,混凝土也是重要的材料。目前,混凝土技术正朝着高强、轻质、高耐久性、多功能和智能化方向发展。

2.6.1 混凝土的分类

混凝土通常有以下几种分类方法:

(1)按胶凝材料分可分为:无机胶凝材料混凝土,如水泥混凝土、石膏混凝土、硅酸盐混凝土、水玻璃混凝土等;有机胶凝材料混凝土,如沥青混凝土、聚合物混凝土、树脂混凝土等。

(2)按表观密度可分为:重混凝土(表观密度 $>2800k/m^3$)、普通混凝土(表观密度为 $2000\sim2800kg/m^3$,一般为 $2400kg/m^3$ 左右)和轻混凝土(表观密度 $<2000kg/m^3$)。

(3)按使用功能可分为:结构混凝土、保温混凝土、装饰混凝土、防水混凝土、耐火混凝土、水工混凝土、海工混凝土、道路混凝土、防辐射混凝土等。

(4)按生产和施工工艺可分为:离心混凝土、真空混凝土、灌浆混凝土、喷射混凝土、碾压混凝土、挤压混凝土、泵送混凝土等。

(5)按配筋方式可分为:素(即无筋)混凝土、钢筋混凝土、钢丝网混凝土、预应力混凝土等。

(6)按掺合料可分为:粉煤灰混凝土、硅灰混凝土、矿渣混凝土和纤维混凝土等。

(7)按混凝土抗压强度等级可分为:低强度混凝土(抗压强度 $f_{cu}<30MPa$)、中强度混凝土(f_{cu} 为 $30\sim60MPa$)、高强度混凝土($f_{cu}\geqslant60MPa$)、超高强混凝土($f_{cu}\geqslant100MPa$)。

此外,随着混凝土的发展和工程的需要,还出现了膨胀混凝土,加气混凝土等各种特殊功能的混凝土;另外,商品混凝土以及新的施工工艺给混凝土施工带来了方便。

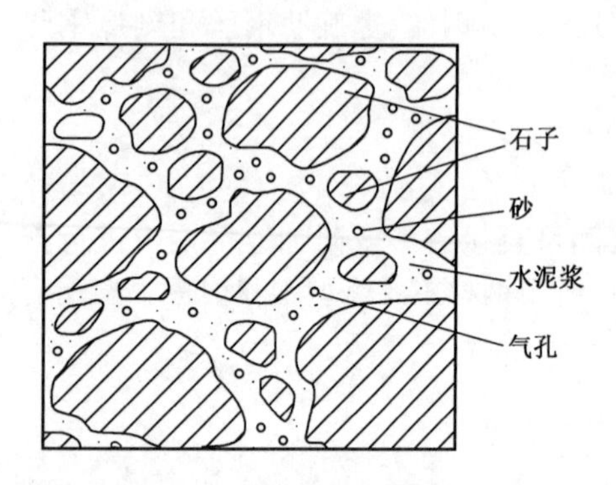

图 2-5 普通混凝土组成结构图

2.6.2 普通混凝土

普通混凝土是指以水泥为胶凝材料,以砂、石子为集料,以水为稀释剂,并掺入适量的外加剂和掺合料拌制而成的混凝土,也称水泥混凝土。砂子和石子在混凝土中起骨架作用,故称为集料,砂子称为细集料,石子(碎石或卵石)称为粗集料;水泥和水形成水泥浆,包裹在砂粒表面并填充砂粒间的空隙而形成水泥砂浆,水泥砂浆又包裹在石子表面并填充石子间的空隙而形成混凝土(其结构如图 2-5 所示)。适量的外加剂(如减水剂、引气剂、缓凝剂、早强剂等)和掺合料(如粉煤灰、硅灰、矿渣等)是为了改善混凝土的某些性能以及降低成本而掺入的。

砂浆与普通混凝土的区别在于不含粗集料,可认为砂浆是混凝土的一种特例,也可称为细集料混凝土。

2.6.3 钢筋混凝土和预应力混凝土

不配筋的混凝土称为素混凝土,它的主要缺陷是抗拉强度很低,也就是说混凝土受拉、受弯时易产生裂缝并发生脆性破坏。为了克服混凝土抗拉强度低的缺点,充分利用其较高的抗压强度,一般在受拉一侧加设抗拉强度很高的(受力)钢筋,即形成钢筋混凝土(RC)。在混凝土中合理地配置钢筋,可以充分发挥混凝土抗压强度高和钢筋抗拉强度高的特点,使其共同承受荷载并满足工程结构的需要。钢筋混凝土是目前使用最多的一种结构材料。

预应力混凝土是指配置受力的预应力钢筋通过张拉或其他方法建立预加应力的混凝土(PC)。按施工方法预应力混凝土可分为先张法和后张法两大类。

第3章 工程地质勘察与基础工程

3.1 工程地质勘察

3.1.1 工程地质勘察基本概念

1. 工程地质勘察的目的与任务

各种建筑工程在开工之前,必须了解建筑场地的工程地质条件,以便确定该场地是否适宜进行建筑开发。要了解建筑场地的工程地质条件,就要进行工程地质勘察。工程地质勘察工作就是综合运用各种勘察手段和技术方法,有效查明建筑场地的工程地质条件,分析评价建筑场地可能出现的岩土工程问题,对场地地基的稳定性和适宜性作出评价,为工程建设规划、设计、施工和正常使用提供可靠的地质依据。其目的是充分利用有利的自然地质条件,避开或改造不利的地质因素,保证工程建筑物的安全稳定、经济合理和正常使用。工程地质勘察报告是勘察工作的成果,也是工程项目决策、设计和施工的依据。

工程地质勘察的基本任务是按照建筑物或构筑物不同勘察阶段的要求,为工程的设计、施工以及岩土体治理加固、开挖支护和降水等工程提供地质资料和必要的技术参数,对有关的岩土工程问题作出论证和评价。其具体任务包括以下几方面:

(1)查明建筑场地的工程地质条件,指出场地内不良地质现象的发育情况及其对工程建设的影响,对场地的稳定性和适宜性作出评价。

(2)查明工程范围内岩土体的分布、性状和地下水活动条件,提供设计、施工和整治所需的地质资料和岩土技术参数。

(3)分析研究与工程建筑有关的岩土工程问题.并作出评价结论。

(4)对场地内建筑总平面布置、各类岩土工程设计、岩土体加固处理、整治等具体方案提出论证和建议。

(5)预测工程施工和运行过程中对地质环境和周围建筑物的影响,并提出保护措施和建议。

2. 工程地质勘察阶段的划分

为体现工程地质勘察为设计服务的宗旨,勘察阶段划分应与设计阶段相适应。由于岩土工程设计划分为由低级到高级的不同阶段,因此,工程地质勘察也应划分为由低级到高级的不同阶段,以适应相应设计阶段对工程地质条件研究深度的不同要求。

按《岩土工程勘察规范》(GB 50021—2001)(2009 年版)的规定,地下洞室工程地质勘察可划分为可行性研究勘察、初步勘察、详细勘察三个阶段,施工勘察不作为一个固定阶段。

(1)可行性研究勘察阶段

可行性研究勘察也称为选址勘察,对中小型建设项目、一般民用建筑进行得并不多,但对于重大建设项目,如对大型水利水电工程、特大型桥梁工程、地下铁道工程、军事国防工程等进行选址勘察,还是十分必要的。选择一个适宜的场址是工程建设工作所遇到的第一个重大问题。场址选择工作一般可分为两个阶段:第一个阶段是选择工程项目的建设地区,第二个阶段是在此基础上选择具体的建设地点和位置。

选址勘察阶段的主要任务是通过搜集、分析已有资料,进行现场踏勘、工程地质测绘和少量勘探工作,对拟选场址的稳定性和适宜性作出岩土工程评价,进行技术经济论证和方案比较,满足确定场地方案的要求。这一阶段一般有若干个可供选择的场址方案,对各方案场地都要进行勘察,并对主要的岩土工程问题作初步分析和评价,以此比较各方案的优劣,选取最优的建筑场址。

本阶段的勘察方法,主要是在搜集、分析已有资料的基础上,通过进行现场踏勘了解场地的工程地质条件。如果场地工程地质条件比较复杂,已有资料不足以说明问题时,还应进行工程地质测绘和必要的勘探工作。

(2)初步勘察阶段

初步勘察的目的是根据工程初步设计的要求,提出岩土工程方案设计和论证。其主要任务是在可行性研究勘察的基础上,对场地内建筑地段的稳定性作出岩土工程评价,并对确定建筑总平面布置、主要建筑物的岩土工程方案和不良地质作用的防治工程方案等进行论证,以满足初步设计或扩大初步设计的要求。此阶段是设计的重要阶段,既要对场地稳定性作出确切的评价结论,又要确定建筑物的具体位置、结构形式、规模和各相关建筑物的布置方式,并提出主要建筑物的地基基础、边坡工程等方案。如果场地内存在不良地质现象,影响场地和建筑物稳定性时,还要提出防治工程方案。因此,工程地质勘察工作是较为复杂的。但有利的条件是由于建筑场地已经选定,勘察工作范围一般限定于建筑地段内,相对比较集中。

本阶段是在分析已有资料基础上,根据需要进行工程地质测绘,并以勘探、物探和原位测试为主。本阶段应根据具体的地形地貌、地层岩性和地质构造条件,布置勘探点、线、网,其密度和孔(坑)深度按不同的工程类型和工程地质勘察等级确定。原则上每一岩土层应取样或进行原位测试,取样和原位测试坑的数量应占相当大的比重。

工作前要掌握选址报告书内容,还要了解建设项目的类型、规模、建筑面积、建筑物名称、建筑物最大高度和最大荷重、基础的一般与最大埋深、主要仪器设备情况,要取得比例尺为1:2000~1:10000并带有坐标的地形图,图上应标明建筑物预计分布范围和初步勘察边界线。

(3)详细勘察阶段

详细勘察的目的是对岩土工程设计、岩土体处理与加固、不良地质作用的防治工程进行计算与评价,以满足施工图设计的要求。此阶段应按不同建筑物或建筑群提出详细的岩土工程资料和设计所需的岩土技术参数。显然,该阶段勘察范围仅局限于建筑物所在的地段内。所要求的成果资料精细可靠,而且许多是计算参数。例如深基坑开挖的稳定计算和支护设计所需参数,基坑降水设计所需参数,以及基坑开挖、降水对邻近工程的影响;桩基设计所需参数,单桩承载力等。

本阶段勘察方法以勘探和原位测试为主。勘探点一般应按建筑物轮廓线布置,其间距根据工程地质勘察等级确定，较之初步勘察阶段密度更大。勘探坑孔深度一般应以工程基础底面为起点算起。采取岩土试样和进行原位测试的坑孔数量，也较初勘阶段要多。为了与后续的施工监理衔接，此阶段应适当布置监测工作。

(4)施工勘察阶段

施工勘察不作为一个固定阶段，视工程的实际需要而定。当工程地质条件复杂或遇到有特殊施工要求的重大工程地基时，就需要进行施工勘察。施工勘察包括施工阶段和竣工运营过程中一些必要的勘察工作(如检验地基加固效果等)，主要是检验与监测工作、施工地质编录和施工超前地质预报。它可以起到核对已取得的地质资料和所作评价结论准确性的作用，以此可修改、补充原来的勘察成果。施工勘察包括施工阶段的勘察和竣工后一些必要的勘察工作，因此，施工勘察并不是专指施工阶段的勘察。

此外，对一些规模不大且工程地质条件简单的场地，或有建筑经验的地区，可以简化勘察阶段。目前国内许多城市一般房屋建筑进行的一次性勘察，完全可以满足工程设计、施工的要求。

3. 工程地质勘察方法

工程地质勘察的方法主要有工程地质测绘、工程地质勘探、工程地质测试和工程地质长期观测等。

3.1.2 工程地质测绘

工程地质测绘是工程地质勘察中的基本方法，也是最先进行的综合性基础工作。它运用地质学原理，通过野外地质调查，对有可能选择的拟建场地区域内的地形地貌、地层岩性、地质构造、地质灾害等进行观察和描述，将所观察到的地质信息要素按要求的比例尺填绘在地形图和有关图表上，并对拟建场地区域内的地质条件作出初步评价，为后续布置勘探、试验和长期观测打下基础。工程地质测绘贯穿于整个勘察工作的始终，只是随着勘察阶段的不同，要求测绘的范围、内容、精度不同而已。

1. 工程地质测绘的范围

工程地质测绘的范围应根据工程建设类型、规模，并考虑工程地质条件的复杂程度等综合确定。一般，工程跨越地段越多、规模越大、工程地质条件越复杂，测绘范围就相对越广。例如在丘陵和山区修筑高速公路，因其线路穿山越岭、跨江过河，工程地质测绘范围就比水库、大坝选址的工程地质测绘范围要广阔。

2. 工程地质测绘的内容

(1)地层岩性

查明测区范围内地表地层(岩层)的性质、厚度、分布变化规律，并确定其地质年代、成因类型、风化程度及工程地质特性等。

(2)地质构造

研究测区范围内各种构造形迹的产状、分布、形态、规模及其结构面的物理力学性质，明确各类构造岩的工程地质特性，并分析其对地貌形态、水文地质条件、岩石风化等方面的影响，以及了解构造活动尤其是地震活动情况。

(3)地貌条件

调查地表形态的外部特征,如高低起伏、坡度陡缓和空间分布等;进而从地质学和地理学的观点分析地表形态形成的地质原因和年代,及其在地质历史中不断演变的过程和将来发展的趋势,研究地貌条件对工程建设总体布局的影响。

(4)水文地质

调查地下水资源的类型、埋藏条件、渗透性;分析水的物理性质、化学成分、动态变化;研究水文条件对工程建设和使用期间的影响。

(5)地质灾害

调查测区内边坡稳定状况,查明滑坡、崩塌、泥石流、岩溶等地质灾害分布的具体位置、规模及其发育规律,并分析其对工程结构的影响。

(6)建筑材料

在建筑场地或线路附近寻找可以利用的石料、砂料、土料等天然建筑材料,查明其分布位置、大致数量和质量、开采运输条件等。

3. 工程地质测绘的方法和技术

工程地质测绘方法有相片成图法、实地测绘法和遥感技术法等。

(1)相片成图法

相片成图法是利用地面摄影或航空(卫星)摄影的相片,先在室内根据判释标志,结合所掌握的区域地质资料,确定地层岩性、地质构造、地貌、水系和地质灾害等,并描绘在单张相片上,然后在相片上选择需要调查的若干布点和路线,进一步实地调查、校核并及时修正和补充,最后将结果转成工程地质图。

(2)实地测绘法

实地测绘法是在野外对工程地质现象进行实地测绘(地质填图)的方法。实地测绘法通常有路线穿越法、布线测点法和界线追索法 3 种。

路线穿越法是沿着测区内选择的一些路线,穿越整个测绘场地,将沿途遇到的地层、构造、地质灾害、水文地质、地形、地貌界线和特征点等信息填绘在工作底图上的方法。观测路线可以是直线也可以是折线。观测路线应选择在露头较好或覆盖层较薄的地方,起点位置应有明显的地物(如村庄、桥梁等)。观测路线延伸的方向应大致与岩层走向、构造线方向及地貌单元相垂直。

布线测点法是根据地质条件复杂程度和不同测绘比例尺的要求,先在地形底图上布置一定数量的观测路线,并在这些路线上设置若干观测点,然后直接到所设置的点进行观测的方法。此方法不需要穿越整个测绘场地。

界线追索法是为了查明某些局部复杂构造,沿地层走向或某一地质构造方向或某些地质灾害界线进行布点追索的方法。此方法常是上述两种方法的补充工作。

(3)遥感技术法

遥感技术法是以电磁波为媒介的探测技术,即在遥远的地方,不与目标物直接接触,而通过信息系统去获得有关该目标物的信息。其方法是把仪器(电磁辐射测量仪或传感器、照相机等)装在轨道卫星、飞机、航天飞机等运载工具上,对地球上物体发射或反射的电磁波辐射特征进行探测和记录,然后把数据传到地面,经过地面接收处理得到数据磁带和图像,再进行人工解译,以判别遥感图像上所反映的地质现象。

以各种飞机、气球等作为传感台和运载工具的遥感技术,称为航空遥感地质调查,也称机载遥感。其飞行高度一般在25km以下。其特点是比例尺大、地面分辨率高、细节效果好、机动灵活。而以卫星作为传感台和运载工具的遥感技术,称为卫星遥感地质调查,飞行高度一般在几百千米以上。其特点是拍摄的范围大、卫星照片上的地质体积变小、多波段扫描成像提高地质判速效果、宏观性强。遥感技术应用于工程地质测绘,可大量节省地面测绘时间及工作人员,且完成质量较高,从而节省工程勘察费用。

3.1.3 工程地质勘探方法

工程地质勘探是在工程地质测绘的基础上,为了详细查明地表以下的工程地质问题,取得地下深部岩土层的工程地质资料而进行的勘察工作。

常用的工程地质勘探手段有开挖勘探、钻孔勘探和地球物理勘探。

(1)开挖勘探

开挖勘探就是对地表及其以下浅部局部土层直接开挖,以便直接观察岩土层的天然状态以及各地层之间的接触关系,并能取出接近实际的原状结构岩土样进行详细观察并描述其工程地质特性的勘探方法。根据开挖体空间形状的不同,开挖勘探可分为坑探、槽探、井探和洞探等。

坑探就是用锹镐或机械来挖掘在空间上三个方向的尺寸相近的坑洞的一种明挖勘探方法。坑探的深度一般为1~2m,适于不含水或含水率较少的较稳固的地表浅层,主要用来查明地表覆盖层的性质和采取原状土样。

槽探就是在地表挖掘成长条形且两壁常为倾斜上宽下窄沟槽进行地质观察和描述的明挖勘探方法。探槽的宽度一般为0.6~1.0m,深度一般小于3m,长度则视情况确定。探槽的断面有矩形、梯形和阶梯形等多种形式,一股采用矩形,当探槽深度较大时,常用梯形;当探槽深度很大且探槽两壁地层稳定性较差时,则采用阶梯形断面,必要时还要对两壁进行支护。槽探主要用于追索地质构造线、断层、断裂破碎带宽度、地层分界线、岩脉宽度及其延伸方向,探查残积层、坡积层的厚度和岩石性质及采取试样等。

井探就是指勘探挖掘空间的平面长度方向和宽度方向的尺寸相近,而其深度方向大于长度和宽度的一种勘探方法。探井的深度一般都在3~20m之间,其断面形状有方形(1m×1m、1.5m×1.5m)、矩形(1m×2m)和圆形(直径一般为0.6~1.25m)。掘进时遇到破碎的井段须进行井壁支护。井探用于了解覆盖层厚度及性质、构造线、岩石破碎情况、岩溶、滑坡等,当岩层倾角较缓时效果较好。

洞探是在指定高程的指定方向开挖地下洞室的一种勘探方法。这种勘探方法一般将探洞布置在平缓山坡、山坳处或较陡的基岩坡坡底,多用于了解地下一定深度处的地质情况并取样,如查明坝底两岸地质结构,尤其在岩层倾向河谷并有易于滑动的夹层,或层间错动较多、断裂较发育及斜坡变形破坏等,更能观察清楚,可获较好效果。

(2)钻孔勘探

钻孔勘探简称钻探。钻探就是利用钻进设备打孔,通过采集岩芯或观察孔壁来探明深部地层的工程地质资料,补充和验证地面测绘资料的勘探方法。钻探是工程地质勘探的主要手段，但是钻探费用较高，因此，一般是在开挖勘探不能达到预期目的和效果时才采用这种勘探方法。

钻探方法较多，钻孔口径不一。一般采用机械回转钻进，常规孔径为：开孔168mm，终孔91mm。由于行业部门及设计单位的不同要求，孔径的取值也不一样。如水利部使用回转式大口径钻探的最大孔径可达1500mm，孔深30~60m，工程技术人员可直接进入孔内观察孔壁，而有的部门采用孔径仅为36mm的小孔径，钻进用金刚石钻头，这种钻探方法对于硬质岩而言，可提高其钻进速度、岩芯采取率和成孔质量。

一般情况下，钻探通常采用垂直钻进方式。对于某些工程地质条件特别的情况，如被调查的地层倾角较大，则可选用斜孔或水平孔钻进。

钻进方法有4种：冲击钻进、回转钻进、综合钻进和振动钻进。

①冲击钻进是采用底部圆环状的钻头，钻进时将钻具提升到一定高度，利用钻具自重，迅猛放落，钻具在下落时产生冲击力，冲击孔底岩土层，使岩土达到破碎而进一步加深钻孔。冲击钻进可分人工冲击钻进和机械冲击钻进。人工冲击钻进所需设备简单，但是劳动强度大，适于黄土、黏性土和砂性土等疏松覆盖层；机械冲击钻进省力省工，但是费用相对高些，适于砾石、卵石层及基岩。冲击钻进一般难以取得完整岩芯。

②回转钻进是利用钻具钻压和回转，使嵌有硬质合金的钻头切削或磨削岩土进行钻进。根据钻头的类别，回转钻进可分螺旋钻探、环形钻探（岩芯钻探）和无岩芯钻探。螺旋钻探适用于黏性土层，可干法钻进，螺纹旋入土层，提钻时带出扰动土样。环形钻探适用于土层和岩层，对孔底作环形切削研磨，用循环液清除输出岩粉，环形中心保留柱状岩，然后进行提取。无岩芯钻探适用于土层和岩层，对整个孔底做全面切削研磨，用循环液清除输出岩粉，不提钻连续钻进，效率高。

③综合钻进是一种冲击与回转综合作用下的钻进方法。它综合了前两种钻进方法在地层钻进中的优点，以达到提高钻进效率的目的，在工程地质勘探中应用广泛。

④振动钻进采用机械动力将振动器产生的振动力通过钻杆和钻头传递到圆筒形钻头周围土样，使土的抗剪强度急剧减小，同时利用钻头依靠钻具的重力及振动器重量切削土层进行钻进。圆筒钻头主要适用于粉土、砂土、较小粒径的碎石层以及黏性不大的黏性土层。

（3）地球物理勘探

地球物理勘探简称物探，是利用专门仪器来探测地壳表层各种地质体的物理场，包括电场、磁场、重力场、辐射场、弹性波的应力场等，通过测得的物理场特性和差异来判明地下各种地质现象，获得某些物理性质参数的一种勘探方法。由于组成地壳的各种不同岩层介质的密度、导电性、磁性、弹性、反射性及导热性等方面存在差异，这些差异易引起相应的地球物理场的局部变化，通过测量这些物理场的分布和变化特性，结合已知的地质资料进行分析和研究，就可以推断地质体的性状。这种方法兼有勘探和试验两种功能。与钻探相比，物探具有设备轻便、成本低、效率高和工作空间广的优点，但是，不能取样直接观察，故常与钻探配合使用。

物探按照利用岩土物理性质的不同可分为声波探测、电法勘探、地震勘探、重力勘探、磁力勘探及核子勘探等。在工程地质勘探中采用得较多的主要是前3种方法。最普遍的物探方法是电法勘探与地震勘探，并常在初期的工程地质勘察中使用工程地质测绘，初步查明勘察区的地下地质情况,此外,常用于查明古河道、洞穴管线等具体位置。

声波探测是指运用声波段在岩土或岩体中的传播特性及其变化规律来进行测试其物理力学性质的一种探测方法。在实际工程中,还可利用在应力作用下岩土或岩体的发声特性对其进行长期稳定性观察。

电法勘探简称电探,是利用天然或人工的直流或交流电场来测定岩石土体电学性质的差异,勘察地下工程地质情况的一种物探方法。电探的种类很多,按照使用电场的性质,可分为人工电场法和自然电场法,而人工电场法又可分为直流电场法和交流电场法。工程勘察使用较多的是人工电场法,即人工对地质体施加电场,通过电测仪测定地质体的电阻率大小及其变化,再经过专门量板解释,区分地层、岩性、构造以及覆盖层、风化层厚度、含水层分布和深度、古河道、主导充水裂隙方向以及天然建筑材料分布范围、储量等。

地震勘探是利用地质介质的波动性来探测地质现象的一种物探方法。其原理是利用爆炸或敲击方法向岩体内激发地震波,根据不同介质弹性波传播速度的差异来判断地质情况。根据波的传递方式,地震勘探又可分为直达波法、反射波法和折射波法。直达波就是由地下爆炸或敲击直接传播到地面接收点的波,直达波法就是利用地震仪器记录直达波传播到地面各接收点的时间和距离,然后推算地基土的动力参数,如动弹性模量、动剪切模量和泊松比等;而反射波或折射波则是一种由地面产生激发的弹性波在不同地层的分界面发生反射或折射而返回到地面的波,反射波法或折射波法就是利用反射或折射传播到地面各接收点的时间,并研究波的振动特性,确定引起反射或折射的地层界面的埋藏深度、产状岩性等。地震勘探直接利用地下岩石的固有特性,如密度、弹性等,较其他物探方法准确,且能探测地表以下很大的深度,因此该勘探方法可用于了解地下深部地质结构,如基岩面、覆盖层厚度、风化壳、断层带等地质情况。

物探方法的选择,应根据具体地质条件,常用多种方法进行综合探测,如重力法、电视测井等新技术方法,但由于物探的精度受到限制,因而是一种辅助性的方法。

3.1.4 原位测试与室内土工试验

原位测试与室内土工试验就是在工程勘探的基础上,为了进一步了解所勘探岩土的物理力学性能,获取其基本性能指标而采取的测定试验。原位测试就是指在岩土体原生的位置上,在保持岩土体原有结构、含水率及应力状态的尽量不被扰动和破坏条件下进行测定岩土各种物理力学性能指标;室内试验则是将从野外所采取的试样尽量维持其天然状态下的性能送到室内进行测试。原位测试是在现场条件下测定岩土的性质,避免岩土样在取样、运输及室内准备试验过程中被扰动,因而所得的指标参数,更接近于岩土体的天然状态,一般在重大工程中采用;室内测试的方法比较成熟,所取试样体积小,与自然条件有一定的差异,因而成果不够准确,但对于一般工程能够满足需要。原位测试需要大型设备,成本高,历时长,且选择有代表性的工程地质地段,必然有一定局限性和不足之处;室内试验设备简单,成本低。因此,从技术经济的观点出发,工程上一般是原位测试与室内试验相结合,可以取得比较满意和可靠的数据。

由于土样在采集、运送、保存和制备过程中不可避免地会受到扰动,室内试验结果的精度会受到一定程度的影响,因此采用原位试验可在原位的应力条件、天然含水率下直接测定岩土的性质,测定结果较为可靠。原位测试主要有以下几种方法。

(1)载荷试验

在现场的天然土层上,通过一定面积的荷载板向土层施加竖向静载荷(图3-1),并测定压力 p 和沉降 s 的关系。根据 p-s 曲线测定土的变形模量,评定土的承载力,适用于密实砂、硬塑黏性土等低压缩性土。

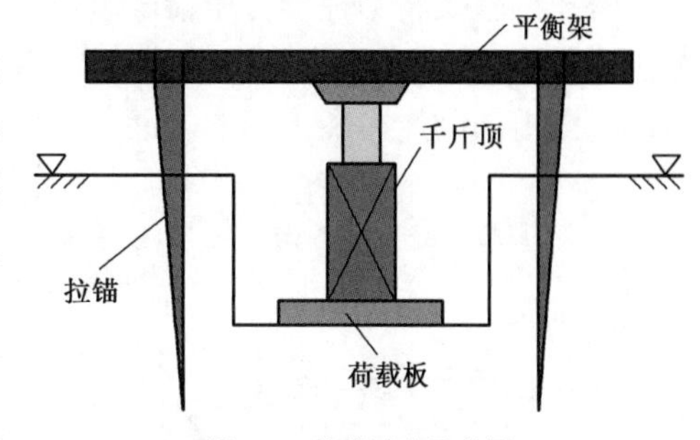

图3-1　载荷试验示意图

(2)静力触探试验

利用静压力将圆锥形金属探头压入地基土中,依据电测技术测得贯入阻力的大小来判定地基土的工程性质,适用于黏性土、粉土、砂土、含少量碎石的土层。

(3)标准贯入试验

标准贯入试验是用63.5kg的穿心锤,落距76cm将贯入器打入土中30cm所用的击数 n 值的大小来判定岩土的性质(图3-2),适于砂土、粉土和一般黏性土。

(4)十字板剪切试验

将十字形金属板插入钻孔的土层中,施以匀速的扭矩(图3-3,其中 D、H 分别为十字形金属板的宽度和高度),直至土体破坏,从而求得土的不排水抗剪强度。适用于原位测定饱和软黏土。

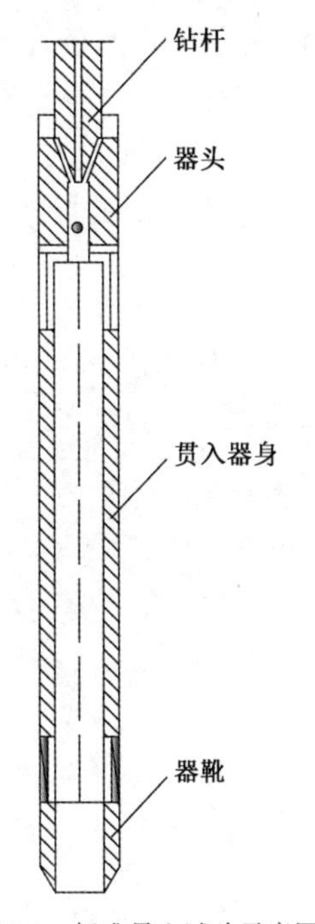

图3-2　标准贯入试验示意图

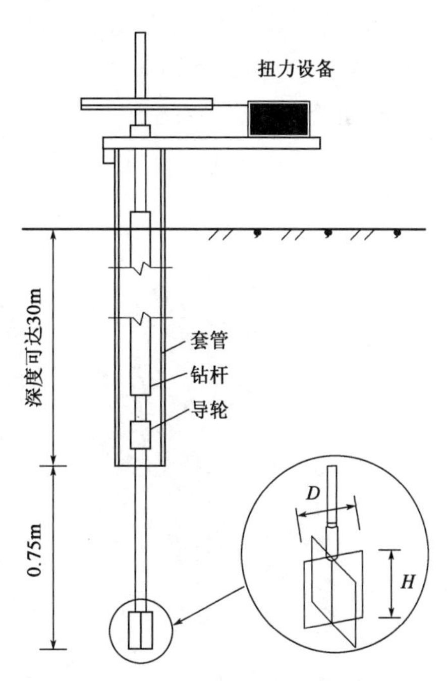

图3-3　十字板剪切试验示意图

(5)旁压试验

在载荷试验中,如果基础埋深较大,则试坑开挖很深,开挖工作量非常大,不太适合采用载荷试验方法;如地下水较浅,基础埋置在地下水位以下,则载荷试验无法采用。在这些情况下可采用旁压试验。

旁压试验是将圆柱形旁压器竖直放入土中(图3-4),通过旁压器在竖直的孔内加压,使旁压膜膨胀,并由旁压膜将压力传给周围的土体(岩体),使土体(岩体)产生变形直至破坏,通过量测施加的压力和土变形之间的关系,即可得到地基土在水平方向的应力应变关系。

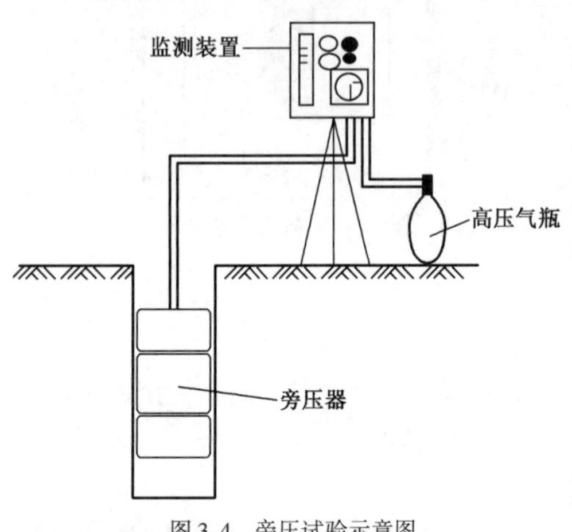

图3-4 旁压试验示意图

旁压试验适用于黏性土、粉土、砂土、碎石土、残积土、极软岩和软岩等。

室内土工试验大致可以分为以下几类:

(1)土的物理性质试验

包括土的含水率试验、密度试验、比重试验、颗粒分析试验、界限含水率试验。

(2)土的水理性质试验

包括土的渗透试验、湿化试验。

(3)土的力学性质试验

包括土的压缩试验、击实试验、承载比试验、直剪试验、三轴试验、无侧限抗压强度试验等。

下面介绍几种常用的土工试验:

(1)颗粒分析试验

土的颗粒大小及其组成情况,通常用土中各个不同粒组的相对含量(各粒组干土质量的百分比)来表示,称为土的颗粒级配。它可以描述土中不同粒径土粒的分布特征。颗粒分析试验就是测定土中各种粒组所占该土总质量的百分数的试验方法,分为筛分析法和沉降分析法,其中沉降分析法又有密度计法和移液管法。对于粒径大于0.075mm的土粒,可用筛分析的方法测定,而对于粒径小于0.075mm的土粒,则用沉降分析法(密度计法或移液管法)测定(图3-5)。

a)筛分法

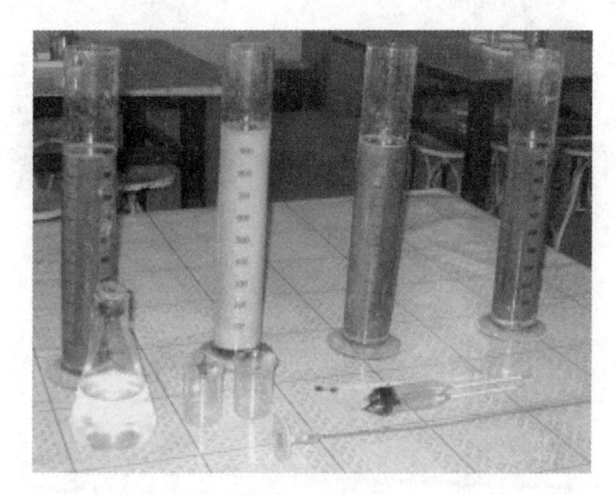
b)比重计法

图3-5 颗粒分析试验

(2)含水率试验

土的含水率是试样在105~110℃下烘至恒量时,所失去的水的质量与干土质量的比值,用百分数表示。目前测定含水率的方法有烘干法、酒精燃烧法、比重法等,其中以烘干法为室内试验的标准方法。

(3)界限含水率试验

用联合测定仪(图3-6)测定土在不同含水率时圆锥入土的深度,根据含水率和对应的入土深度之间的关系在双对数坐标纸上绘出直线。在直线上查得圆锥入土深度为20mm时的相应含水率为液限 ω_L,然后根据 ω_L-h_p 曲线,查出塑限时入土深度 h_p,求出塑限 ω_P。测定土的液限和塑限是为了划分土类,计算天然稠度、塑性指数、液性指数,以供工程设计和施工之用。

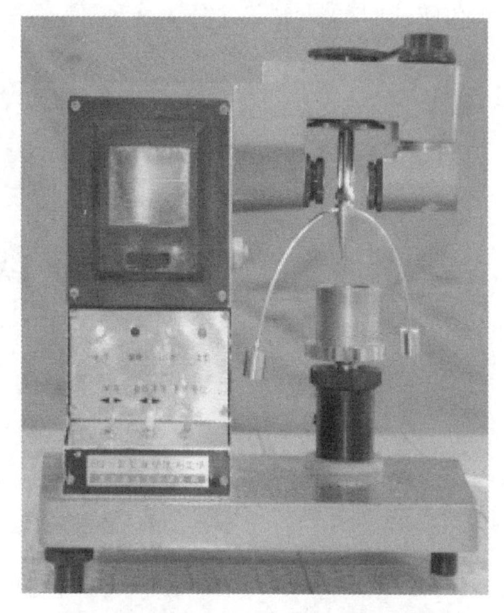

图3-6 电磁落锥法的液塑限联合测定仪

(4)固结试验

地基土在外荷载作用下,水和空气逐渐被挤出,土的颗粒之间相互挤紧,封闭气体体积减小,从而引起土的压缩变形。土的压缩变形是孔隙体积的减小。由于孔隙水的排出而引起的压缩对于饱和土来说是需要时间的,土的压缩随时间增长的过程称为土的固结。所以土的压缩试验也称固结试验。固结试验就是将天然状态下的原状土样或扰动土样,制成一定规格的试件,然后置于固结仪内,分级施加垂直压力(图3-7)。在不同荷载作用下,测定不同时间的压缩变形,直至各级压力下的变形量趋于某一稳定标准为止。然后将在各级压力下最终的变形与相应的压力绘成曲线,从而求得压缩指标值。

(5)剪切试验

土的抗剪强度是指土体对于外荷载所产生的剪应力的极限抵抗能力。即 $\tau_f = c + \sigma\tan\phi$。直接剪切试验(图3-8)是测定土的抗剪强度 τ_f 的一种常用方法,一般用4~5个试样,以同样的方法分别在不同的法向压力 σ 下剪切破坏,将试验结果绘制成抗剪强度 τ_f 与法向压力 σ 之间的关系。

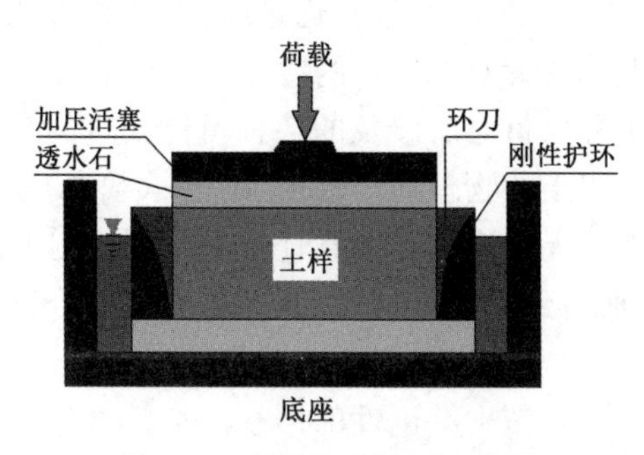

图3-7 土的侧限压缩试验示意图

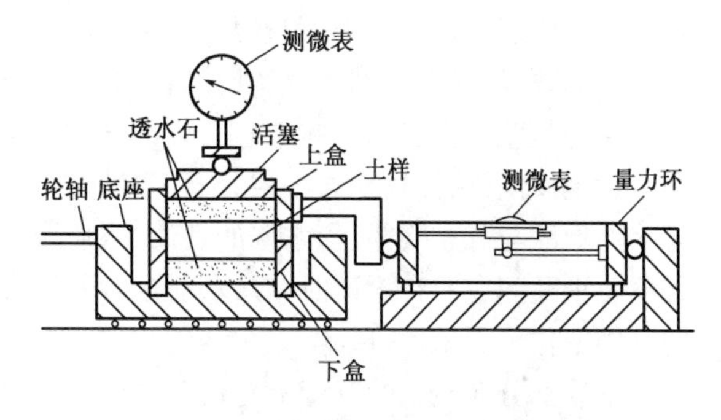

图3-8 直接剪切试验示意图及设备

对同一种土,即使在同一法向压力下,由于剪切前试样的固结过程和剪切试样的排水条件不同,其强度指标也是各异的。为了近似地模拟现场土体的剪切条件,即按剪切前的固结过程、剪切时的排水条件以及加载快慢情况,将直剪试验分为快剪、固结快剪和慢剪三种试验方法。

三轴剪切试验(图 3-9)也是测定土的抗剪强度较为常用的方法。根据剪切前的固结程度和剪切时的排水条件分为 3 种:不固接不排水试验、固接不排水试验、固接排水试验。

图 3-9　三轴剪切试验设备

3.1.5　工程地质勘察报告

工程地质勘察报告是在前期勘察过程中,在收集、调查、勘察室内试验和原位试验等获得的原始资料基础上以文字和图表反映出来的勘察结果。

工程地质勘察报告书(文字)的任务在于阐明工作地区的工程地质条件,分析存在的工程地质问题,并作出正确工程地质评价,得出结论。工程地质报告书的内容一般分为绪论、通论、专论和结论四个部分,各部分前后呼应,密切联系,融为一体。

绪论部分主要介绍工程地质勘察的工作任务、采用的方法及取得的成果,同时还应说明工程建设的类型、拟定规模及其重要性、勘察阶段及迫切需要解决的问题等。

通论部分是阐述勘察场地的工程地质条件,如自然地理、区域地质、地形地貌、地质构造、水文地质、不良地质现象及地震基本烈度、场地岩土类型等。在编写通论时,既要符合地质科学的要求,又要达到工程实用的目的,使之具有明确的针对性和目的性。

专论是整个报告的主体中心。该部分主要结合工程项目对所涉及的各种可能发生的有关工程地质问题,如场地岩土层分布、岩性、地层结构、岩土的物理力学性质、地基承载力、地下水的埋藏与分布规律、含水层的性质、水质及侵蚀性等提出论证和回答任务书中所提出的各项要求及问题。在论证时,应该充分利用工程勘察所得到的实际资料和数据,在定性分析的基础上作出定量评价。

结论部分在专论的基础上对任务书中所提出各项要求作出结论性的回答。结论部分应对场地的适宜性、稳定性、岩土体特性、地下水、地震等作出综合性工程地质评价。结论必须简明扼要,措辞必须准确无误,切不可空泛模糊。此外,还应指出存在的问题和解决问题的具体方法、措施和建议以及进一步研究的方向。

工程地质报告除了文字资料部分外,还有一整套与文字内容密切相关的图表,成果报告还应附有必要的图表,即勘察点平面布置图,工程地质柱状图,工程地质剖面图,原位测试成果图表,室内试验成果图表,岩土利用、整治、改造方案的有关图表,岩土工程计算简图及计算成果图表。

3.2 浅基础工程

按基础的埋置深度,基础一般可分为浅基础和深基础两大类,但有时其界限不是很明显。

通常把位于天然地基上、埋置深度小于5m的一般基础(柱基或墙基)以及埋置深度虽超过5m,但小于基础宽度的大尺寸基础(如箱形基础),统称为天然地基上的浅基础。

3.2.1 地基与基础的概念

任何建筑物都建造在一定的地层(土层或岩层)上,通常把直接承受建筑物荷载影响的地层称为地基。地基可分为天然地基和人工地基。不需要对地基进行处理就可以直接放置基础的天然土层称为天然地基;如天然土层土质过于软弱或有不良的工程地质问题,需要经过人工加固或处理后才能修筑基础的地基称为人工地基(或称为地基处理)。

基础是指建筑物向地基传递荷载的下部结构,它具有承上启下的作用(图3-10)。它处于上部结构的荷载及地基反力的相互作用下,承受由此而产生的内力(轴力、剪力和弯矩)。另外,基础底面的反力反过来又作为地基上的荷载,使地基土产生应力和变形。地基和基础的设计往往是不可分割的,基础设计时,除需保证基础结构本身具有足够刚度和强度外,同时还需选择合理的基础尺寸和布置方案,使地基的承载力和变形满足规范的要求。

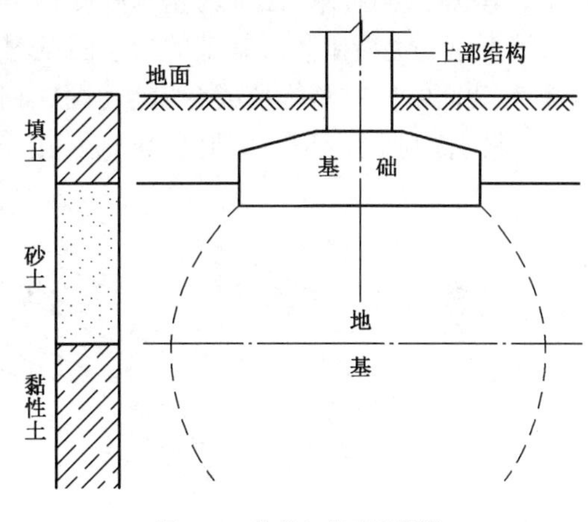

图3-10 地基与基础示意图

3.2.2 浅基础类型

浅基础按结构形式分类,可分为扩展基础、连续基础、筏形基础、箱形基础和壳体基础。

1. 扩展基础

扩展基础,即通过扩大水平截面使得基础所传递的荷载效应侧向扩展到地基中,从而满足地基承载力和变形的要求。扩展基础根据所用材料可分为无筋扩展基础(刚性基础)和钢筋混凝土扩展基础(柔性基础)。

(1)刚性基础

刚性基础是指由砖、毛石、素混凝土、毛石混凝土、灰土(石灰和土料按体积比3:7或2:8)和三合土(石灰、砂和集料加水泥混合而成)等材料做成的无须配置钢筋的基础

(图 3-11)。刚性基础的材料具有较好的抗压性能,但抗拉、抗剪强度不高。刚性基础适用于6层和6层以下(三合土基础不宜超过4层)的民用建筑和轻型厂房。

a)砖基础　　b)砌石基础　　c)素混凝土基础

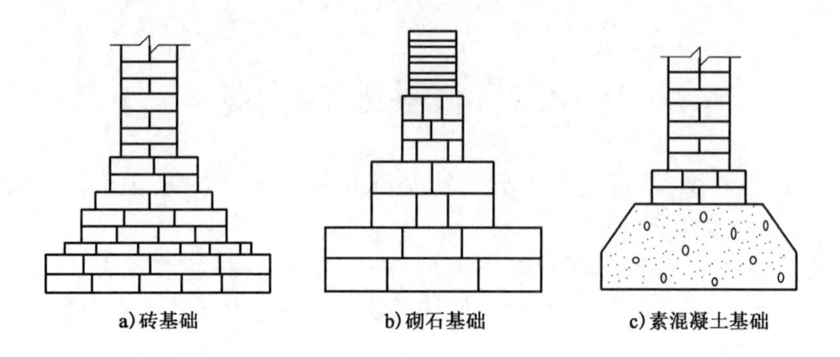

图 3-11　刚性基础

(2)柔性基础

柱下钢筋混凝土独立基础和墙下钢筋混凝土条形基础称为柔性基础。这类基础的抗弯和抗剪性能良好,可在竖向荷载较大、地基承载力不高以及承受水平力和力矩荷载等情况下使用。其优于刚性基础之处为基础高度较小,更适合在需要较小基础埋置深度时使用。

墙下钢筋混凝土条形基础的示意图见图 3-12。柱下钢筋混凝土独立基础的示意图见图 3-13,其截面常做成角锥形或台阶形(图 3-14),其中 a)、b)两种称为板式基础,c)称为梁式基础;预制柱则采用杯形基础(图 3-15),用于装配式单层工业厂房。

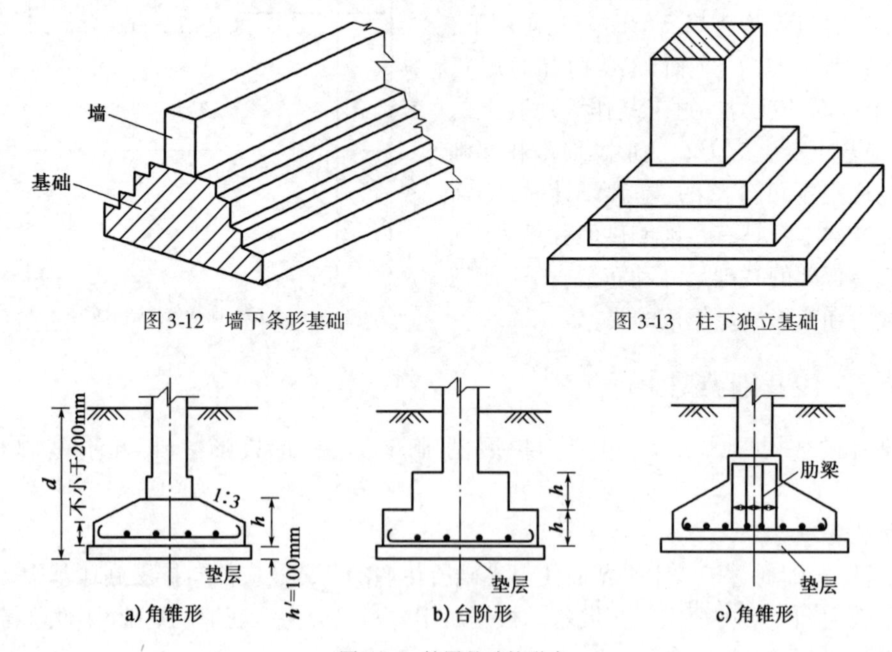

图 3-12　墙下条形基础

图 3-13　柱下独立基础

a)角锥形　　b)台阶形　　c)角锥形

图 3-14　扩展基础的形式

2. 连续基础

当采用扩展基础不能满足地基承载力和变形的要求时,通常将相邻的基础联合起来,使上部的力较均匀地分布到整个基底上来改善基础的受力,这样就形成了连续基础。连续基础按形式的不同分为柱下条形基础和柱下交叉基础。

(1)柱下条形基础

柱下条形基础(图3-16)的抗弯刚度较大,具有调整不均匀沉降的能力,并能将所承受的集中柱荷载较均匀地分布到整个基底面积上。因此当地基较为软弱、柱荷载或地基压缩性分布不均匀,需要控制基础的不均匀沉陷时常将同一方向(或同一轴线)上若干柱子的基础连成条形。柱下条形基础常用于软弱地基上框架或排架结构的基础。

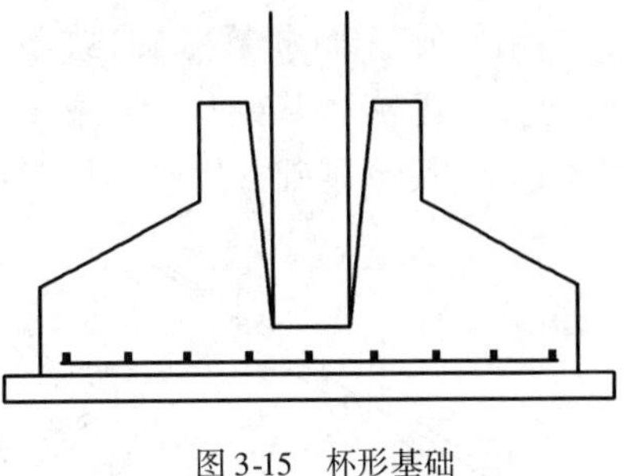

图3-15　杯形基础

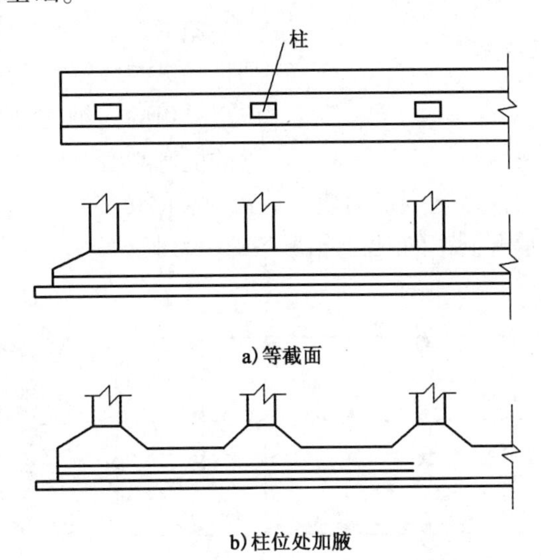

图3-16　柱下条形基础

(2)柱下交叉基础

如果地基软弱且在两个方向分布不均匀,而基础需要两个方向均有足够的刚度来调整不均匀沉降,减少基础之间的沉降差,可在柱网下沿纵横两个方向分别设置钢筋混凝土条形基础,形成柱下交叉基础(图3-17)。

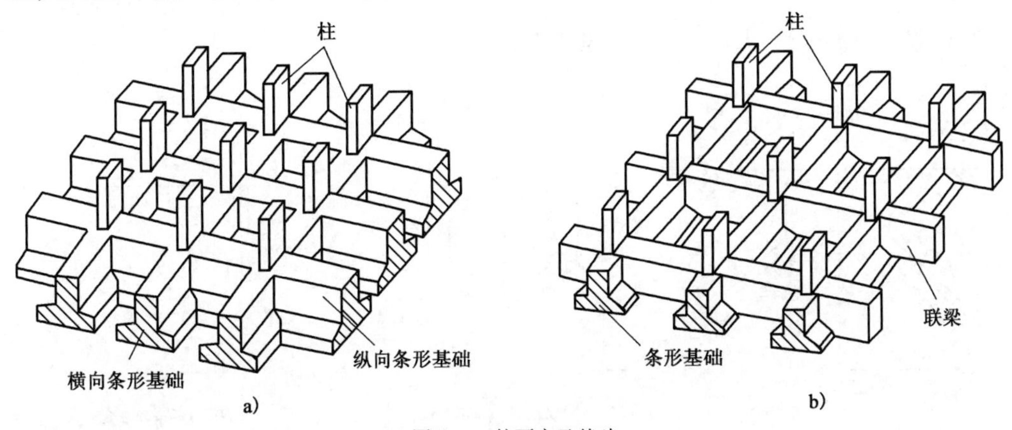

图3-17　柱下交叉基础

3. 筏形基础

当用单独基础(扩展基础)或条形基础(连续基础)都不能满足地基承载力要求时,往往需要把整个建筑物基础(或地下室部分)做成一片连续的钢筋混凝土板,成为筏形基础(图3-18)。筏形基础常用于多层与高层建筑,具体可分为平板式和梁板式。

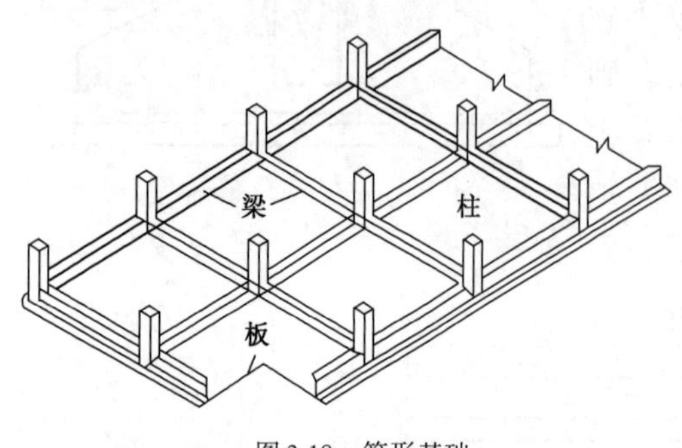

图3-18 筏形基础

筏形基础由于底面积大,故可减小基底压力,同时提高地基土的承载力,并能更有效地增强基础的整体性,能将各个柱子的沉降调整得比较均匀。

4. 箱形基础

箱形基础(图3-19)是由钢筋混凝土底板、顶板和纵横墙体组成的整体结构,是高层建筑广泛采用的一种基础形式。箱形基础具有更大的抗弯刚度,只能产生大致均匀的沉降或整体倾斜,从而基本上消除了因地基变形而使建筑物开裂的可能性。但为保证箱形基础的刚度要求设置较多的内墙,受墙开洞率的限制,箱形基础作为地下室时,给使用带来一些不便。

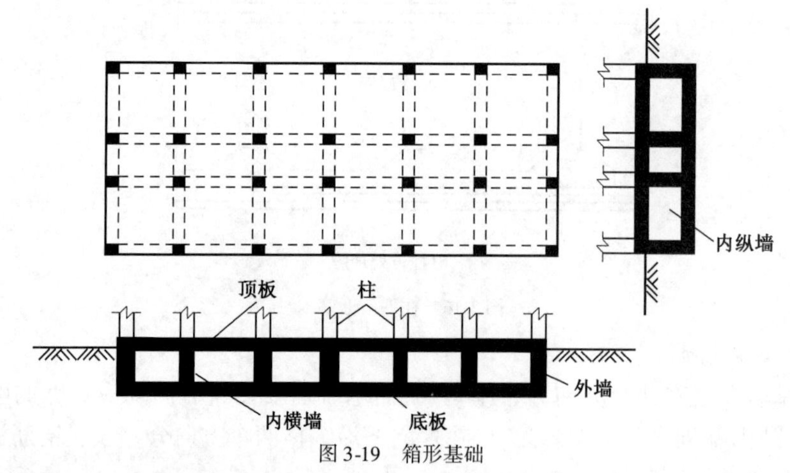

图3-19 箱形基础

5. 壳体基础

常见的壳体基础结构形式如图3-20所示。

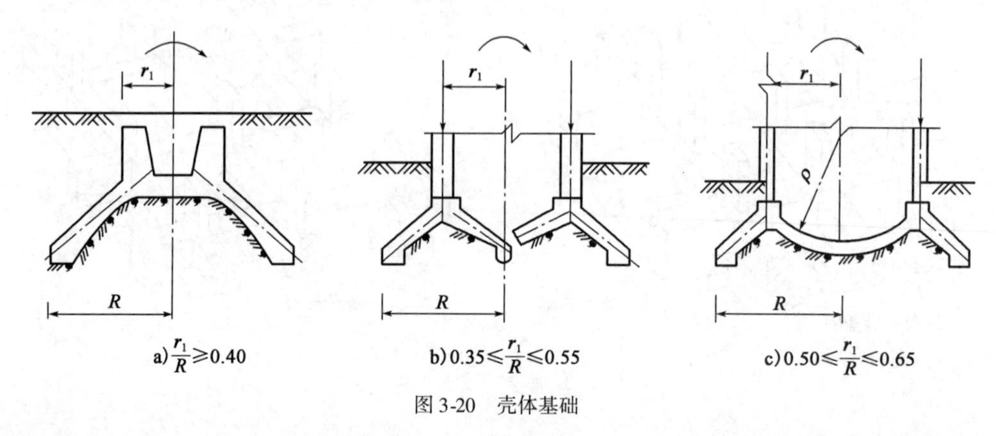

图3-20 壳体基础

3.3 深基础工程

位于地基深处承载力较高的土层上、埋置深度大于5m或大于基础宽度的基础，称为深基础。

通常当上部建筑物荷载较大，而适合作为持力层的土层又埋藏较深，用天然浅基础或仅做简单的地基加固仍不能满足要求时，常采用深基础。

深基础主要有桩基础、沉井基础、地下连续墙和墩基础等，其中以桩基础应用最为广泛。

3.3.1 桩基础

桩基础是指用各种材料做成的方形、圆形或其他形状的细而长的且埋在地下的桩。桩基础通常由桩和桩顶上承台两部分组成，并通过承台将上部较大的荷载传至深层较为坚硬的地基中去，桩基的作用是将荷载通过桩传给埋藏较深的坚硬土层，或通过桩周围的摩擦力传给地基，多用于高层建筑。

按桩的受力情况，桩分为摩擦桩和端承桩两类(图3-21)。当桩沉入软弱土层一定深度，通过桩侧土的摩擦作用，将上部荷载传递扩散于桩周围土中，桩端土也起一定的支承作用，桩尖支承的土不甚密实，桩相对于土有一定的相对位移时，即为摩擦桩。当桩穿过软弱土层并将建筑物的荷载通过桩传递到桩端坚硬土层或岩层上，即为端承桩。桩侧较软弱土对桩身的摩擦作用很小，其摩擦力可忽略不计。端承桩和摩擦桩的受力机理如图3-22所示。

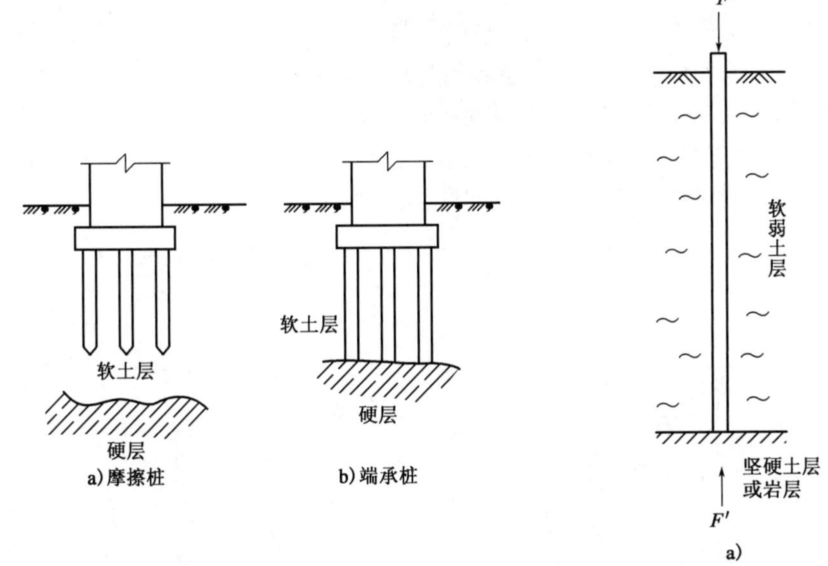

图3-21 桩基础

图3-22 端承桩和摩擦桩受力机理

按施工方法，桩分为预制桩和灌注桩两类。预制桩是在工厂或现场预制，经锤击或振动等方法将桩沉入土中至设计高程的桩。另外还可采用静力压入和旋入等沉桩方法。预制桩还可分节预制，分节接头采用钢板、角钢焊接后，涂以沥青等方法进行防锈处理。还有采用机械式接桩法以钢板垂直插头加水平销连接。

灌注桩是在现场成孔,灌注混凝土等材料至设计高程的桩。其可分为沉管灌注桩和钻(挖、冲、磨)孔灌注桩两大类。灌注桩与预制桩相比,由于免去了锤击应力,施工无振动、无噪声,桩的混凝土强度及配筋只要满足使用条件即可,因而具有节省钢材、降低造价、无须接桩及裁桩等优点。其缺点是比同直径的预制桩承载力低,沉降大。

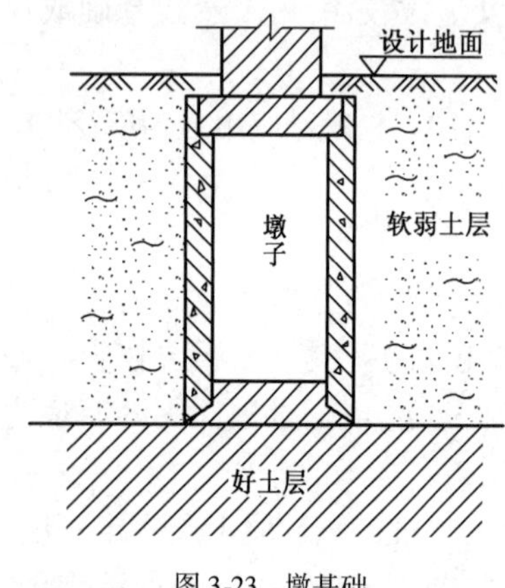

图 3-23 墩基础

3.3.2 墩基础

墩基础(图 3-23)也是土木工程中常用的一种深基础。从外形和工作机理上墩与桩很难严格区分,在我国工程界通常将置于地基土中,用以传递上部结构荷载的杆状构件通称为桩。其实墩与桩还是有区别的,墩的断面尺寸较大,相对墩身较短,体积巨大。墩身一般不能预制,也不能打入、压入地基,只能现场灌注或砌筑而成。一般认为墩的直径大于 0.8m,墩身长度为 6 ~ 20m;长径比不大于 30。

墩基础广泛应用于桥梁、海洋钻井平台和港口码头等近海建筑物中。在我国西南山区,常常用直径(或边长)达几米的大尺寸墩治理滑坡,抵抗滑动力。在广州、深圳等地较广泛采用的"一柱一桩",实际上是"一柱一墩",单墩承载力达几亿牛顿,可做高层建筑物的基础。

3.3.3 沉井

沉井是深基础或地下结构中应用较多的一种,如桥梁墩台基础、地下泵房、地下沉淀池和水池、地下油库、矿用竖井、大型设备基础、高层和超高层建筑物的基础。此外,沉井也可用作地下铁道、水底隧道等的设备井,如通风井、盾构拼装井等。沉井是井筒状的结构物,它是在井内挖土,依靠自身重量克服井壁摩擦力后下沉至设计高程,然后经过混凝土封底并填塞井孔,使其成为桥梁墩台或其他构筑物的基础。如图 3-24 所示。

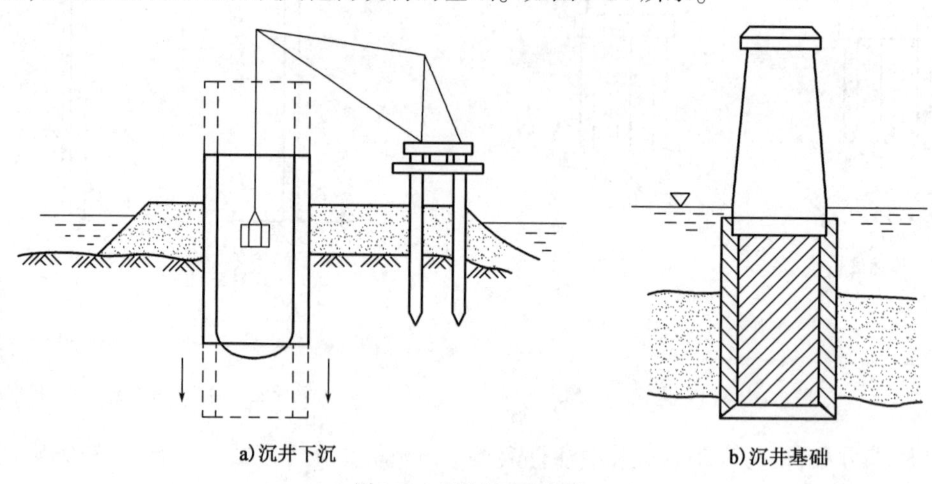
a) 沉井下沉　　b) 沉井基础

图 3-24 沉井基础示意图

沉井基础的特点是埋置深度大、整体性强、稳定性好,能承受较大的垂直荷载和水平荷载,所需机具简单,施工简便。但沉井基础施工期较长;细砂及粉砂类土在井内抽水易发生流砂现象,造成沉井倾斜;沉井下沉过程中遇到的大孤石、树干或井底岩层表面倾斜过大,均会给施工带来一定困难。目前沉井基础在国内外已有广泛的应用和发展。我国的南京长江大桥施工中,成功地下沉了一个底面尺寸为20.2m×24.9m的巨型沉井,穿过的覆盖层厚度达54.87m。在该桥施工中,还采用了钢沉井管柱基础和浮运薄壁钢筋混凝土沉井基础。在九江长江大桥施工中,又成功地采用了空气幕下沉沉井技术。江阴长江大桥用于固定悬索的北锚碇采用了长69m、宽51m、高58m的沉井。在沉井基础构造、施工和技术方面,我国均已达到世界先进水平,并具有自己独特的特点。

(1)一般沉井

因为沉井本身自重大,一般直接在基础设计的位置上制造并就地下沉。如基础位置在水中,需先在水中筑岛,在岛上筑井下沉。

(2)浮运沉井

在深水地区,或河流流速大,或有碍通航,筑岛存在困难或不经济时,可在岸边制作沉井,然后浮运到设计位置下沉。

按沉井的材料,沉井可分为混凝土沉井、钢筋混凝土沉井、竹筋混凝土沉井和钢沉井等。以钢筋混凝土沉井为例,沉井构造通常由刃脚、井壁、隔墙、井孔、凹槽、射水管组和探测管、封底混凝土、顶盖等部分组成。沉井的平面形状常用的有圆形、矩形、圆端形等;根据井孔的布置方式,又有单孔、双孔及多孔之分,如图3-25所示。

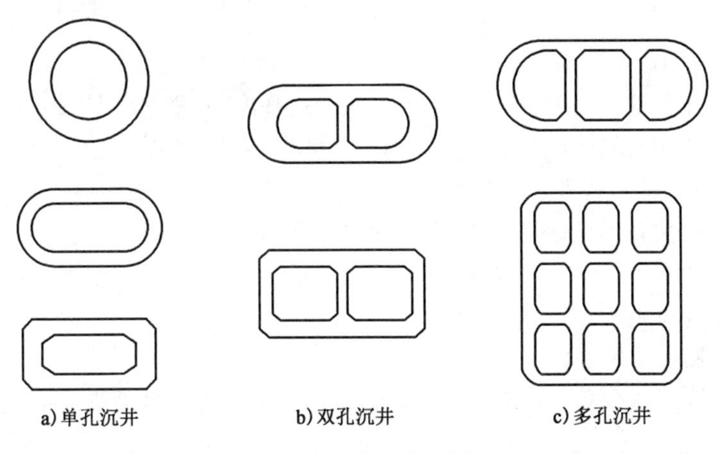

图3-25 沉井的平面形状

圆形沉井受力好,适用于河水主流方向易变的河流。矩形沉井制作方便,但四角处的土不易挖除,河流水流也不顺。圆端形沉井兼有两者的优点也在一定程度上兼有两者的缺点,是土木工程中常用的基础类型。

3.4 地基处理

我国地域辽阔、自然地理环境不同、土质各异、地基条件地域性较强。当需要在地质条件不好的地方进行工程建设时,现代土木工程技术的发展使工程技术人员能够对天然的软弱地基进行处理。

地基处理的历史可追溯到古代,我国古代在地基处理方面有着极其宝贵的丰富经验,许多现代的地基处理技术都可在古代找到它的雏形。根据历史记载,早在2000年前就已采用了软土中夯入碎石等压密土层的夯实法;灰土和三合土的垫层法,也是我国古代传统的建筑技术之一。

3.4.1 地基处理的对象和目的

地基处理的对象是软弱地基和特殊土地基。软弱地基系指主要由淤泥、淤泥质土、冲填土、杂填土或其他高压缩性土层构成的地基。特殊土地基带有地区性的特点,它包括软土、湿陷性黄土、膨胀土、红黏土和冻土等地基。

地基处理的目的就是通过各种地基处理方法,改善地基土的工程性质,满足工程设计的要求,具体包括以下5个方面:

(1)提高地基土的抗剪强度

地基的剪切破坏表现在建筑物的地基承载力不够,使结构失稳或土方开挖时边坡失稳,使邻近地基产生隆起或基坑开挖时坑底隆起。因此,为了防止剪切破坏,就需要采取增加地基土的抗剪强度的措施。

(2)降低地基的压缩性

地基的高压缩性表现在建筑物的沉降和差异沉降大,因此需要采取措施提高地基土的压缩模量。

(3)改善地基的透水特性

地基的透水性表现在堤坝、房屋等基础产生的地基渗漏,基坑开挖过程中产生流砂和管涌。因此需要研究和采取使地基土变成不透水或减少其水压力的措施。

(4)改善地基的动力特性

地基的动力特性表现在地震时粉、砂土将会产生液化,由于交通荷载或打桩等原因,使邻近地基产生振动下沉。因此需要研究和采取措施,防止地基土液化,并改善振动特性以提高地基抗震性能的措施。

(5)改善特殊土的不良地基的特性

主要是指消除或减少黄土的湿陷性和膨胀土的胀缩性等地基处理的措施。

3.4.2 地基处理方法分类

通常按地基处理的作用机理对地基处理方法进行分类。

(1)置换法

置换是指利用物理力学性质较好的岩石材料替换天然地基中部分或全部软弱土体,以形成双层地基或复合地基。该方法可提高地基承载力、减少沉降量,可消除或部分消除土的湿陷性和胀缩性,还可防止土的冻胀作用并改善地基土的抗液化性能。属于置换的地基处理方法有换土垫层法、挤淤置换法、褥垫法、砂石桩置换法、石灰桩法等。

换土垫层法(图3-26)常用于基坑面积宽大和开挖土方量较大的回填土方工程,适用于处理浅层地基,一般不大于3m。

(2)深层密实法

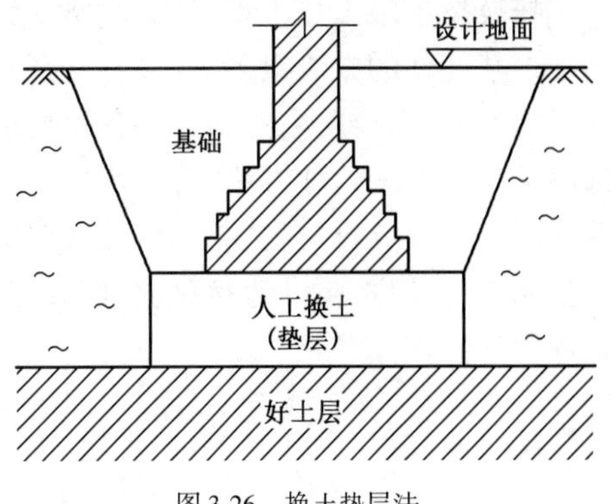

图3-26 换土垫层法

深层密实法是指采用爆破、夯击、挤压或振动等方法,对松软地基土进行振动或挤压使地基土体孔隙比减小、土体密实、抗剪强度提高,以实现提高地基承载力和减少沉降,达到地基处理的目的。深层密实法按照施工机具和方式的不同,有爆破法、强夯法和挤密法之分。

(3)排水固结法

排水固结法又称预压法,是指软土地基在附加荷载作用下完成排水固结,使孔隙比减少,抗剪强度提高。该方法常用于解决软黏土地基的沉降和稳定问题。它可使地基的沉降在加载预压期间基本完成或大部分完成,从而使建筑物在使用期间不致产生过大的沉降和沉降差;同时,增加了地基土的抗剪强度,从而提高地基的承载力和稳定性。

(4)加筋法

加筋是在地基中设置强度高、弹性模量大的筋材,用以提高地基承载力,减少沉降和增加地基稳定性。

加筋法中采用土工合成材料适用于砂土、黏性土和软土;采用加筋土适用于人工填土的路堤和挡墙结构;土锚、土钉和锚定板适用于稳定的土坡;树根桩适用于各类土,可用于稳定土坡支挡结构,或用于对既有建筑物的托换工程。

(5)胶结法

胶结法是指向土体内灌入或拌入水泥、水泥砂浆以及石灰等化学浆液,通过灌注压入、高压喷射或机械搅拌,使浆液与土颗粒胶结起来,在地基中形成加固体或增强体,达到改善地基土的物理力学性质的目的。

工程上可进一步分为注浆法、高压喷射注浆法和水泥土搅拌法。胶结法适用于处理淤泥、淤泥质土、黏性土、粉土等地基。

(6)热学处理法

热学处理法按照温度的不同可分为热加固法和冻结法。热加固法是通过焙烧、加热地基土体,依靠热传导将细颗粒土加热到100℃以上,而冻结法是采用液体氮或二氧化碳的机械制冷设备与一个封闭式液压系统相连接,而使冷却液在内流动,从而使软而湿的地基土体冻结。热学处理法会增加土的强度、降低土的压缩性,以改变土体物理力学性质达到地基处理的目的。

热加固法适用于非饱和黏性土、粉土和湿陷性黄土。冻结法适用于各类土,特别在软土地质条件,开挖深度大于7m,以及低于地下水位的情况下是一种普遍适用的处理措施。

(7)基础托换法

基础托换又称托换技术,是为解决对既有建筑物的地基需要处理和基础需要加固的问题,以及对既有建筑物基础下需要修建地下工程或其邻近需要建造新工程而影响既有建筑物的安全等问题的技术总称。

托换技术施工技术难度较大、费用较高、工期较长,需要应用多种地基处理方法。

地基处理的方法很多,许多方法还在不断发展和完善中。作为从事地下工程设计或者施工的人员,需要明白的是,任何一种地基处理方法都不是万能的,都有其局限性。因而在选用某一种地基处理方法时,一定要根据地基土质条件、工程要求、工期、造价、施工机械条件等因素综合分析再确定。对已选定的地基处理方案,可先在有代表性的场地上进行相应的实体试验,以检验设计参数、选择合理的施工方法和确定处理效果。另外也可采用两种或多种地基处理方案。

第4章 基坑工程

4.1 概 述

建筑基坑是指为进行建(构)筑物基础、地下建(构)筑物施工而开挖形成的地面以下的空间。随着经济的发展和城市化进程的加快,城市人口密度不断增大,城市建设向纵深方向飞速发展,地下空间的开发和利用成为一种必然,基坑工程的数量日益增多,规模不断扩大,基坑复杂性和技术难度也随之增大。大规模的高层建筑地下室、地下商场的建设和大规模的市政工程如地下停车场、大型地铁车站、地下变电站、地下通道、地下仓库、大型排水及污水处理系统和地下人防工事等的施工都面临深基坑工程,并且不断刷新基坑工程的规模、深度和难度纪录。

我国基坑工程的发展是20世纪90年代开始的。改革开放以前,我国的基础埋深较浅,基坑开挖深度一般在5m以内,一般建筑基坑均可采用放坡开挖或用少量钢板桩支护;20世纪80年代末期,由于高层建筑不多,地铁建设也很少,故涉及的基坑深度大多在10m以内;自20世纪90年代初期,高层建筑逐渐增多;20世纪90年代中后期以北京、上海、深圳、广州等为代表的城市,高层建筑如雨后春笋般开始大量建设,以地铁为代表的地下工程也开始大规模建设,基坑开挖最大深度逐渐接近20m,少量超过20m;20世纪90年代末期以后,基坑开挖最大深度迅速增大至30~40m。上海地铁4号线董家渡基坑的开挖深度为38.0~40.9m,上海交通大学海洋深水试验池的开挖深度达39m,上海世博500kV地下变电站的开挖深度为33.6m,天津站交通枢纽工程的开挖深度为25.0~33.5m,开挖面积达5万m^2,上海中心的基坑开挖深度为31.3m。这些大型基坑工程的建成,标志着我国基坑工程技术达到领先水平。

基坑工程是世界各地建设工程中数量多、投资大、难度大、风险大的关建性工程项目。基坑支护的设计与施工,既要保证整个支护结构在施工过程中的安全,又要控制结构及其周围土体的变形,以保证周围环境(相邻建筑和地下公共设施等)的安全。在安全前提下,设计既要合理,又要节约造价,方便施工,缩短工期。要提高基坑支护的设计与施工水平,必须正确选择计算方法、计算模型和岩土力学参数,选择合理的支护结构体系。同时还要有丰富的设计和施工经验,其设计与施工是相互信赖、密不可分的。在基坑施工的每一阶段,随着施工工艺、开挖位置和次序、支撑和开挖时间等的变化,结构体系和外部荷载都在变化,都对支护结构的内力产生直接的影响,每一个施工工况的数据都可能影响支护结构的稳定和安全。只有设计与施工人员密切配合,加强监测分析,及早发现和解决问题,总结经验,才能使基坑工程难题得到有效解决,也只有这样,设计理论和施工技术才能得到较快的发展。

4.2 放坡开挖

在基坑开挖施工中，在一定的地质条件、场地周边条件下，为节省建设成本，往往可以通过采用合理的基坑边坡坡度，使基坑开挖后的土体在无支挡结构的条件下，依靠自身的强度，在新的平衡状态下保持基坑边坡的稳定。这类无支护措施的基坑开挖方法称为放坡开挖。放坡开挖相对于其他有支挡的开挖方式，该法所需的工程费用较低，施工工期短，可为主体结构施工提供较宽敞的作业空间。它涉及的主要施工技术内容是土方开挖，通常易于组织实施。因此，在目前的工程建设中，特别是在无地下水或地下水位低于基础底面、场地土质均匀较好的工程中，放坡开挖得到了广泛应用。

放坡开挖基坑的施工，通常需要选择开挖土坡的坡度，验算基坑开挖各阶段的土坡稳定性，确定地面及基坑的排水组织，选择土坡背面的防护方法以及土方开挖程序等设计及施工组织工作。在有地下水及地下水位较高又丰富时，尚应进行施工降水设计，并结合查表法、工程类比法、刚塑体假定等计算方法。其中，采用刚塑体假定的计算方法包括极限平衡法、极限分析法和滑移线法。其中，工程地质类比法是通过全面分析比较拟开挖基坑和已有的放坡开挖基坑工程二者在场地岩土性质、地下水条件、邻近环境、施工条件等方面的相似性，从而对拟开挖基坑边坡的稳定性做出评价及预测，并依此选定合理安全的边坡坡度。当基坑采取放坡开挖而基坑侧壁无法满足稳定条件时，需对基坑的边坡采取一定的加固措施。

基坑开挖时，如岩土体较为均匀且坡顶无堆积荷载、坡底以上无地下水、基坑开挖深度影响范围内无重要建筑同时有足够放坡空间，则可以采用放坡开挖。放坡控制的边坡高度和坡度可根据经验或参照同类岩土体的稳定坡高和坡度确定。当无经验时，可按表4-1和表4-2进行确定。

土层边坡允许坡度值 表4-1

土层类别	土的状态	坡高允许值(m)	坡度(高宽比)允许值
人工填土	中密以上	5	1:1.00～1:1.50
黏性土	坚硬	6	1:0.50～1:1.00
	硬塑	5	1:0.80～1:1.25
	可塑	5	1:1.00～1:1.50
粉土	中密	5	1:1.00～1:1.25
碎石土	稍密	5	1:0.75～1:1.00
	中密	5	1:0.50～1:0.75
	密实	6	1:0.40～1:0.50

岩质边坡允许坡度值 表4-2

岩石类别	岩石类型	风化程度	坡度(高宽比)允许值	
			坡高≤8m	8m<坡高≤15m
硬质岩	砂岩、石灰岩、千枚岩、花岗岩	微风化	1:0.0～1:0.1	1:0.1～1:0.2
		中风化	1:0.1～1:0.2	1:0.2～1:0.4
		强风化	1:0.2～1:0.4	1:0.4～1:0.6

续上表

岩石类别	岩石类型	风化程度	坡度(高宽比)允许值	
			坡高≤8m	8m<坡高≤15m
软质岩	泥岩、砂质泥岩、泥质砂岩	微风化	1:0.2~1:0.3	1:0.3~1:0.4
		中风化	1:0.3~1:0.4	1:0.4~1:0.6
		强风化	1:0.4~1:0.6	1:0.6~1:0.8
极软岩	泥岩、砂质泥岩	微风化	1:0.3~1:0.4	1:0.4~1:0.6
		中风化	1:0.4~1:0.6	1:0.6~1:0.8

注:1. 岩石单轴饱和抗压强度:小于等于5MPa时,为极软岩;在6~30MPa时,为软质岩;大于等于30MPa时,为硬质岩。

2. 易风化的极软岩、软质岩、裂隙发育的破碎岩石边坡可采用水泥砂浆抹面或挂铁丝网喷抹水泥砂浆护面。

3. 有外倾斜软弱结构面、稳定性差的局部岩块应采用锚固措施加固或消除。

4.3 地下水控制

4.3.1 概述

基坑工程施工中经常会遇到地表和地下水的大量侵入,造成地基浸泡,使地基承载力降低,或出现管涌、流砂、坑底隆起、坑外地层过度变形等现象,从而导致坑壁失稳破坏,影响周围建筑物的正常使用和安全。

进行基坑开挖施工,无论是放坡开挖还是采用支护体系的垂直开挖,如果施工区域地下水位较高,都将涉及地下水的控制问题。当开挖施工的开挖面低于地下水位时,土体含水层被切断,地下水便会从坑外或坑底源源不断地渗入基坑内。另外在基坑开挖期间,由于降雨或其他原因,地表水也会流入基坑并在基坑内造成滞留水。如果未采取基坑降水措施或未及时排走流入坑内的地下水和地表水,不仅会使施工条件恶化,而且会造成边坡塌方和地基承载力下降,形成安全隐患。从基坑开挖施工的安全角度出发,对于采用支护体系的垂直开挖,坑内被动区土体由于含水率增加导致土体强度参数降低,对控制支护体系的稳定性的强度和变形都是不利的;对于放坡开挖,地下水控制方法不当则会增加边坡失稳和产生流砂等灾害的可能性。从施工角度出发,在地下水位以下开挖土方,坑内滞留水不仅增加了上方开挖施工的难度,影响工程进度,而且还会使地下主体结构施工难以顺利进行。在水的浸泡下,地基土强度大大降低,对控制基坑坑底变形极为不利。因此,为保证顺利进行深基坑工程开挖和地下主体结构的施工以及地基土的强度不遭受损失,当地下水位高于基坑开挖面时,必须采取措施降低地下水位;当基坑内有滞留水时,需采取措施排除坑内积水,使基坑处于干燥状态,以利于施工。此外,基坑周围应根据邻近建筑物、管线等的分布情况及重要等级采取适当的截水、回灌措施。

4.3.2 降排水方法及其应用

基坑地下水控制应满足支护结构设计要求,应根据场地及周边工程地质条件、水文地质条件和环境条件，并结合基坑支护和基础施工方案综合分析确定。基坑工程中控制地下水位的方法主要有降低地下水位和隔离地下水两大类。降低地下水位的方法又包括集水井降水和井点降水两种。隔离地下水的方法包括地下连续墙、连续排桩、止水帷幕、坑底水平封底等。

人工降低地下水位的方法，按照其降水机理的不同，分为重力式降水和强制式降水。重力式降水即排水沟及集水井排降水，强制式降水的方法即井点降水。

根据工程特点及地质条件，在深基坑开挖施工降水设计时，可根据表4-3选择降水方法。需要指出的是，降水方法的选择不是绝对的，在满足技术条件的基础上，还要视费用、工期、已有设备及施工经验等多种因素综合考虑，最终选择出有效、经济、合理、省时的降水方法，以保障深基坑开挖施工的顺利进行。

基坑降水方法及适用条件　　表4-3

降水方法	适用土层	水文、地质特征	降水深度(m)	渗透系数(m/d)	降低水位深度(m)
明沟排水	填土、粉土、砂土、黏性土	土层滞水，水量不大的滞水	<6	<20	<5
轻型井点	填土、粉土、砂土、粉质黏土、黏性土	土层滞水，水量不大的潜水	6~7	0.1~20	3~6
喷射井点	填土、粉土、砂土、粉质黏土、黏性土、淤泥质粉质黏土	土层滞水，水量不大的潜水	8~20	0.1~20	8~20
电渗井点	淤泥质粉质黏土、淤泥质黏土	土层滞水，水量不大的潜水	6~7	<0.1	根据选定的井点确定
管井井点	粉土、砂土、碎石土、可溶岩、破碎带	含水丰富的潜水、承压水、裂隙水	3~5	20~200	3~5
深井井点	砂土、砂砾岩、粉质黏土、砂质粉土	水量不大的潜水，深部有承压水	>15	10~250	>10

1. 重力式降水

排水沟和集水井降水属于重力式降水，是现场普遍应用的一种人工降低地下水位、排除明水、保障施工的方法，如图4-1所示。施工方便、设备简单，并可应用于除细砂外的各种土质的施工场合。

(1)排水沟

施工时，在开挖基坑的周围一侧或两侧，或者在基坑中心设置排水沟。水沟截面要考虑基坑排水量及对邻近建筑物的影响来确定，一般排水沟深度为0.4~0.6m，最小0.3m，宽度等于或大于0.4m，水沟的边坡为1:1~1:0.5，边沟应具有0.2%~0.5%的最小纵向坡度，使水流不致阻滞而淤塞。为保证沟内流水通畅，避免携砂带泥，排水沟的底部及侧壁可根据工程具体情况及土质条件采用素土、砖砌或混凝土等形式。

(2)集水井

沿排水沟纵向每隔30~40m可设一个集水井，使地下水汇流于集水井内，便于用水泵将水排出基坑。挖土时，集水井应低于排水边沟1m左右并深于抽水泵进水阀的高度。集水井井壁直径一船为0.6~0.8m，井壁用竹木或砌干砖、水泥管、挡土板等作临时简易加固。井底反滤层铺0.3m厚的碎石和卵石。

排水沟和集水井应随挖土逐渐加深，以保持水流通畅。

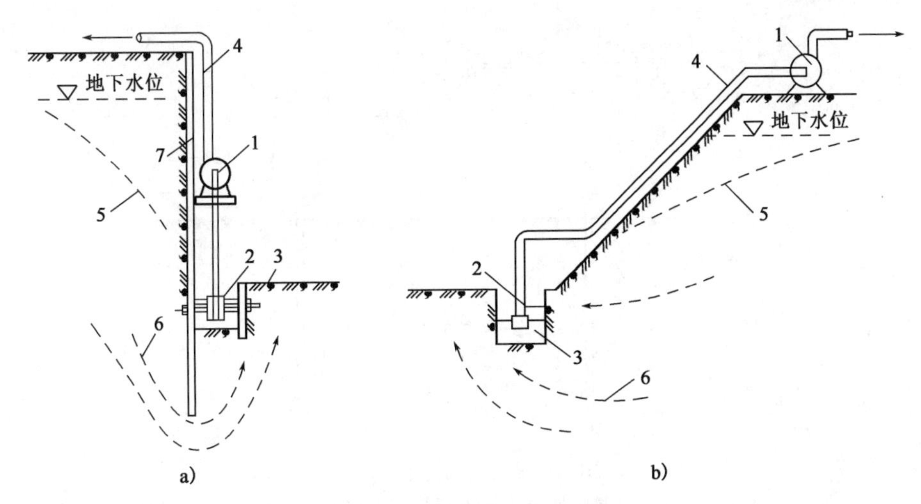

图 4-1 排水沟和集水井降排水

1-水泵;2-排水沟;3-集水井;4-压力水管;5-降落曲线;6-水流曲线;7-板桩

2. 强制式降水

当高层建筑的基础或地下建(构)筑物在地下水位以下的含水层中施工时,基坑开挖常常会遇到地下水涌入或较严重流砂的问题,及时设置排桩和大量水泵进行明排水也不能有效阻止流砂的涌入。这种情况下,不但坑底不能深挖,而且由于排桩外围的泥土被掏空,附近地面下陷,影响邻近建筑物的稳定。采用简单的排水沟和集水井进行降水已不能满足施工的要求,需要采取井点降水来解决地下水位问题。

井点降水属强制式降水,因为这种方法是通过对地下水施加作用力来促使地下水的排走,从而达到降低地下水位的目的。根据井点布置方式、施加作用力方式以及抽水设备的不同,井点降水可分为轻型井点、喷射井点、电渗井点、管井井点和深井井点等。

(1)轻型井点降水

轻型井点降水系真空作用抽水,如图 4-2 所示。轻型井点由井点管、过滤器、集水总管、支管、阀门等组成管路系统,并由抽水设备启动,在井点系统中形成真空,并在井点周围一定范围形成一个真空区,真空区通过砂井扩展到一定范围。在真空力作用下,井点附近的地下水通过砂井,经过滤器被强制吸入井点系统内抽走,使井点附近的地下水降低。在作业过程中,井点附近的地下水位与真空区外的地下水位之间存在一个水头差,在该水头差作用下,真空区外侧的地下水是以重力方式流动的,所以常把轻型井点降水称为真空强制抽水法,更确切地说,应该是真空—重力抽水法。只有在这两个力的作用下,基坑地下水才会降低,并形成一定范围的降水漏斗。

轻型井点降水一般适用于粉细砂、粉土、粉质黏土等渗透系数较小的弱含水层降水,降水深度单层小于 6m,双层小于 12m。采用轻型井点降水,其井点间距小,能有效地拦截地下水流入基坑内,尽可能地减小残滞水层厚度,对保持边坡和桩间土的稳定较有利,因此降水效果好。其缺点是占用场地大、设备多、投资大,特别是对于狭窄建筑场地的深基坑工程,其占地和费用一般使业主和施工单位难以接受;在较长时间的降水过程中,对供电、抽水设备的要求高,维护管理复杂等。

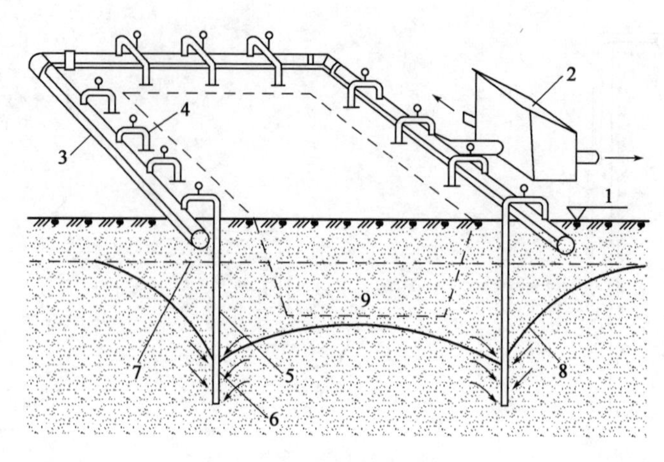

图 4-2　轻型井点降水示意图

1-地面;2-水泵房;3-总管;4-弯联管;5-井点管;6-滤管;7-原地下水位;8-降后地下水位;9-基坑

(2)喷射井点降水

当基坑开挖所需降水深度超过 6m 时,一般的轻型井点就难以达到预期的降水效果了,如果场地许可,可以采用二级甚至多级轻型井点以增加降水深度,达到设计要求。这样不但会增加基坑上方施工工程量和降水设备用量,并延长工期,而且会扩大井点降水的影响范围,对环境保护不利。此时,可考虑采用喷射井点。喷射井点降水如图 4-3 所示。

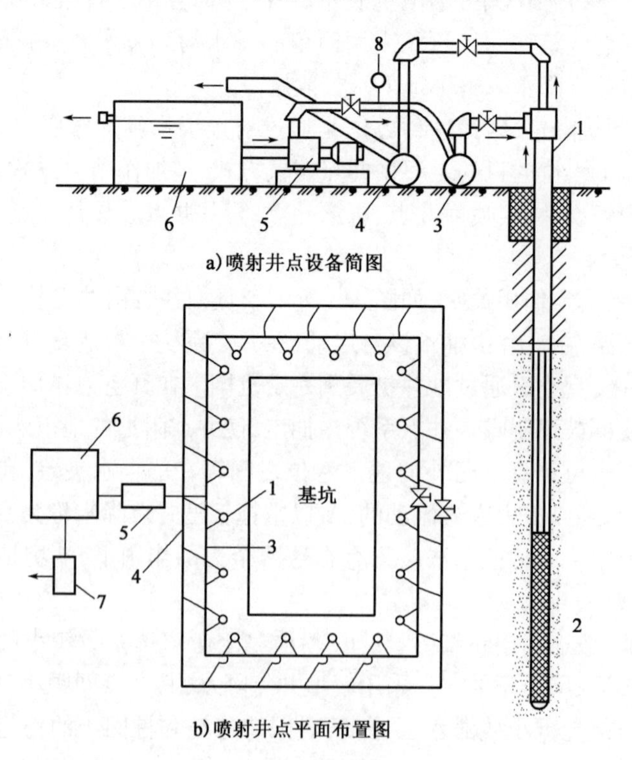

图 4-3　喷射井点降水示意图

1-喷射井管;2-滤管;3-供水总管;4-排水总管;5-高压离心水泵;6-水池;7-排水泵;8-压力表

喷射井点用作深层降水，应用在粉土、极细砂和粉砂中，在较粗的砂粒中，由于出水量较大，循环水流就显得不经济，这时宜采用深井泵。一般一级喷射井点可降低地下水位8~10m，甚至20m以上。

喷射井点在设计时其管路布置和高程布置与轻型井点基本相同。基坑面积较大时，采用环形布置，基坑宽度小于10m时采用单排线形布置，大于10m时采用双排布置。喷射井管间距一般为2~3.5m。当采用环形布置时，进出口（道路）处的井点间距可扩大为5~7m。

(3)电渗井点降水

在黏性土和粉质黏土中进行基坑开挖施工时，由于土体的渗透系数较小，为加速土中水向井点管中流入，提高降水施工的效果，除了应用真空产生抽吸作用以外，还可加用电渗。

所谓电渗井点，一般与轻型井点或喷射井点配合使用，是利用轻型井点或者喷射井点管本身作为阴极，以金属棒（钢筋、钢管、铝棒等）作为阳极。通入直流电（采用直流发电机或直流电焊机）后，带有负电荷的土粒即向阳极移动（即电泳作用），而带有正电荷的水则向阴极方向移动集中产生电渗现象。在电渗与井点管内的真空双重作用下，强制黏土中的水由井点管快速排出，井点管连续抽水，从而使地下水位逐渐降低。

对于渗透系数较小（小于0.1m/d）的饱和黏土，特别是淤泥或淤泥质黏土，单纯利用井点系统的真空产生的抽吸作用可能较难将水从土体中抽出排走，利用黏土的电渗现象和电泳作用，一方面可加速土体固结，增加土体强度，另一方面还可以达到较好的降水效果。电渗井点的工作原理如图4-4所示。

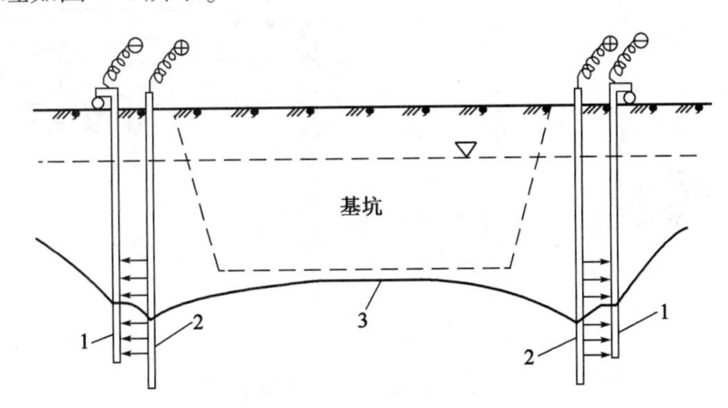

图4-4 电渗井点降水原理图
1-井点管；2-金属棒；3-地下水降落曲线

(4)管井井点降水

对于渗透系数为20~200m/d且地下水丰富的土层、砂层，当用明排水易造成土颗粒大量流失，引起边坡塌方，用轻型井点难以满足排降水的要求时，可采用管井井点降水。

管井井点就是沿基坑周边每隔一定距离设置一个管井，或在坑内降水时在一定范围设置一个管井，每个管井单独用一台水泵不断抽取管井内的水来降低地下水位。管井井点具有排水量大、排水效果好、设备简单、易于维护等特点，降水深度3~5m，可代替多组轻型井点的作用。

采用基坑外降水时，根据基坑的平面形状或沟槽的宽度，沿基坑外围四周呈环形或沿基坑、沟槽两侧或单侧直线形布置。当基坑开挖面积较大或者为了防止降低地下水对周围环境的不利影响而采用坑内降水时，可根据所需降水深度、单井涌水量以及抽水影响半径等确定管井井点间距,再以此间距在坑内呈棋盘状布置,如图4-5所示。

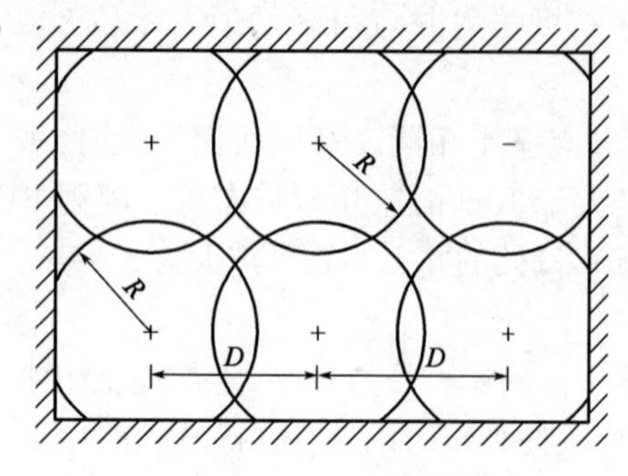

图4-5 管井井点降水布置图
R-抽水影响半径;D-井点间距

(5)深井井点降水

对于渗透系数较大、涌水量大、降水较深的砂类土,以及用其他井点降水不易解决的深层降水,可采用深井井点降水系统。深井井点降水是在深基坑的周围埋置深于基底的井管,使地下水通过设置在井管内的潜水泵将地下水抽出,使地下水位低于坑底,如图4-6所示。该方法具有排水量大,降水深(可达50m),不受吸程限制,排水效果好,井距大,对平面布置的干扰小,可用于各种情况,不受土层限制,成孔(打井)用人工或机械均可,较易于解决,井点制作、降水设备及操作工艺、维护均较简单,施工速度快,如果井点管采用钢管、塑料管,可以整根拔出重复使用,同时也存在一次性投资大,成孔质量要求严格,降水完毕后井管拔出较困难等缺点。深井井点降水适用于渗透系数较大、土质为砂类土、地下水丰富、降水深、面积大、时间长的工程。如果在有流砂和重复挖填上方区域使用,效果更佳。

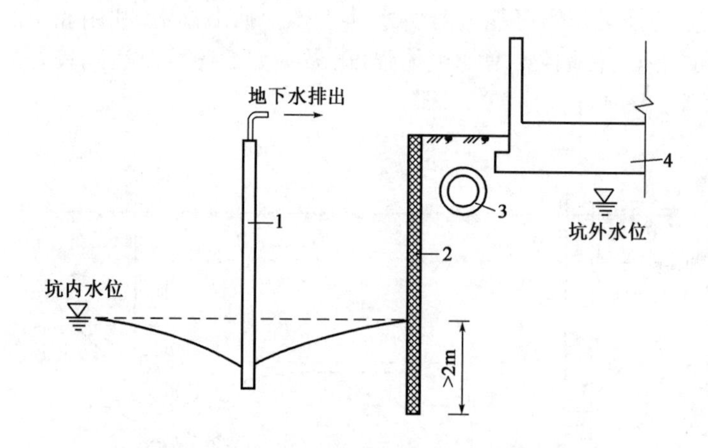

图4-6 坑内降水与挡水帷幕
1-深井井管;2-挡水帷幕;3-坑外地下管线;4-坑外建筑基础

3. 基坑降水时周围环境的影响

井点管埋设完成后开始抽水时,井内水位开始下降,周围含水层的水不断流向滤管。在无承压水等环境条件下,经过一段时间之后,在井点周围形成漏斗状的弯曲水面,即所谓降水漏斗。这个漏斗状水面逐渐稳定,一船需要几天到几周的时间。降水漏斗范围内的地下水位下降以后,就必然会造成地面固结沉降,由于漏斗形的降水面不是平面,因而所产生的沉降也不是均匀的。在实际工程中,由于井点的滤管滤网和砂滤层结构不良,把土层中的黏土颗粒、粉土颗粒甚至细砂同地下水一同抽出地面的情况是经常发生的,这种现象会使地面产生的不均匀沉降加剧,造成附近建筑物及地下管线不同程度的损坏。在建筑物和地下管线密集的地区进行降水施工时,必须采取措施提高降水质量,以消除周围的地面沉陷。

4.4 基坑支护

基坑支护是指为保证基坑开挖和地下结构的施工安全以及保护基坑周边环境而对基坑侧壁和周边环境采取的支挡、加固和保护措施,它主要包括基坑的勘察、设计、施工及监测技术,同时还包括地下水的控制和土方开挖等,是相互关联、综合性很强的系统工程。基坑支护技术是基础和地下工程施工中的一个传统课题,同时又是一个综合性的岩土工程难题,是一项从实践中发展起来的技术,也是一门实践性非常强的学科。它涉及工程地质学、土力学、基础工程、结构力学、施工技术、测试技术和环境岩土工程等学科,主要包括土力学中典型的强度、稳定及变形问题,土与支护结构共同作用问题,基坑中的时空效应问题以及结构计算问题等。

4.4.1 基坑支护特点及设计原则

1. 基坑支护工程具有以下特点

基坑支护工程具有以下特点:

(1)风险大

当支护结构仅作为地下主体工程施工所需要的临时支护措施时,使用时间不长,一般不超过两年,属于临时工程,与永久性结构相比,设计考虑的安全储备系数相对较小,加之岩土力学性质、荷载以及环境的变化,使支护结构存在着较大的风险。

(2)区域性强

岩土工程区域性强,基坑支护工程则表现出更强的区域性。不同地区岩土力学性质千差万别,即使在同一地区的岩土性质也有所区别。因此,基坑支护设计与施工应因地制宜,结合本地情况和成功经验进行,不能简单照搬。

(3)独特性显著

基坑工程与周围环境条件密切相关,在城区和在空旷区的基坑对支护体系的要求差别很大,几乎每个基坑都有其相应的独特性。

(4)综合性强

基坑支护是岩土工程、结构工程以及施工技术相互交叉的学科,同时基坑支护工程涉及土力学中的稳定、变形和渗流问题,影响基坑支护的因素也很多,所以要求基坑支护工程的设计者应具备多方面的综合专业知识。

(5)时空效应明显

基坑工程空间形状对支护体系的受力具有较强的影响,同时土又具有较明显的蠕变性,从而导致基坑工程具有显著的时空效应。

(6)信息化施工要求高

基坑挖土顺序和挖土速度对基坑支护体系的受力具有很大影响,基坑支护设计应考虑施工条件,并应对施工组织提出要求,基坑工程需要加强监测,实行信息化施工。

(7)环境效应显著

基坑支护体系的变形和地下水位下降都可能对基坑周围的道路、地下管线和建筑物产生不良影响，严重的可能导致破坏，因此，基坑工程设计和施工一定要重视环境效应。

(8)理论不成熟

尽管基坑支护技术得到了较大的发展，但在理论上仍属尚待发展的综合技术学科。目前只能采用理论计算和地区经验相结合的半经验、半理论的方法进行设计。

2. 基坑工程的设计原则

基坑工程设计的主要内容包括基坑支护方案选择、支护参数确定、支护结构的强度和变形验算、基坑内外土体的稳定性验算、围护墙的抗渗验算、降水方案设计、基坑开挖方案设计和监测方案设计等。在进行基坑工程设计时，应遵循以下原则：

(1)安全可靠

保证基坑四周边坡的稳定，满足支护结构本身强度、稳定和变形的要求，确保基坑四周相邻建筑物、构筑物和地下管线的安全。

(2)经济合理

在支护结构安全可靠的前提下，要从工期、材料、设备、人工以及环境保护等方面综合确定具有明显技术经济效益的设计方案。

(3)技术可行

基坑支护结构设计不仅要符合基本的力学原理，而且要能够经济、便利地实施，如设计方案应与施工机械相匹配、施工机械要具有足够的施工能力等。

(4)施工便利

在安全可靠、经济合理的原则下，最大限度地满足方便施工条件，以缩短工期。

(5)可持续发展

基坑工程设计要考虑可持续发展，考虑节能减耗，减少对环境的影响，减少对环境的污染。如在技术经济可行的条件下，尽可能地采用支护结构与主体结构相结合的方式；在设计中尽可能地少采用钢筋混凝土支撑，减少支撑拆除所造成的噪声和扬尘污染以及废弃材料的处置难题等。

4.4.2 基坑支护总体方案与支护方法分类

基坑支护总体方案的选择直接关系到工程造价、施工进度和周围环境的安全。总体方案主要有顺作法和逆作法两种基本形式，且它们各有特点。在同一个基坑工程中，顺作法和逆作法也可以在不同的基坑区域组合使用，从而在特定条件下满足工程的技术经济要求。基坑工程的总体支护方案分类如图4-7所示。

基坑支护方法种类繁多，每一种支护方法都有一定的适用范围，也都有其相应的优点和缺点，一定要因地制宜，选用合理的支护方式，具体工程中采用何种支护方法主要根据基坑开挖深度、岩土性质、基坑周围场地情况以及施工条件等因素综合考虑决定。目前在基坑工程中常用的支护方法有：悬臂式支护结构、拉锚式支护结构、内支撑式支护结构、水泥土重力式支护结构、土钉支护和复合土钉支护等。同时，基坑支护方法的分类也多种多样，在基坑支护方法分类中要包括各种支护形式是十分困难的。一般将其分为四大类：放坡开挖及简易支护、加固边坡土体形成自立式支护结构、挡墙式支护结构和其他支护结构。常用基坑支护方法分类和适用范围见表4-4，表中所列开挖深度应根据当地经验合理选用。

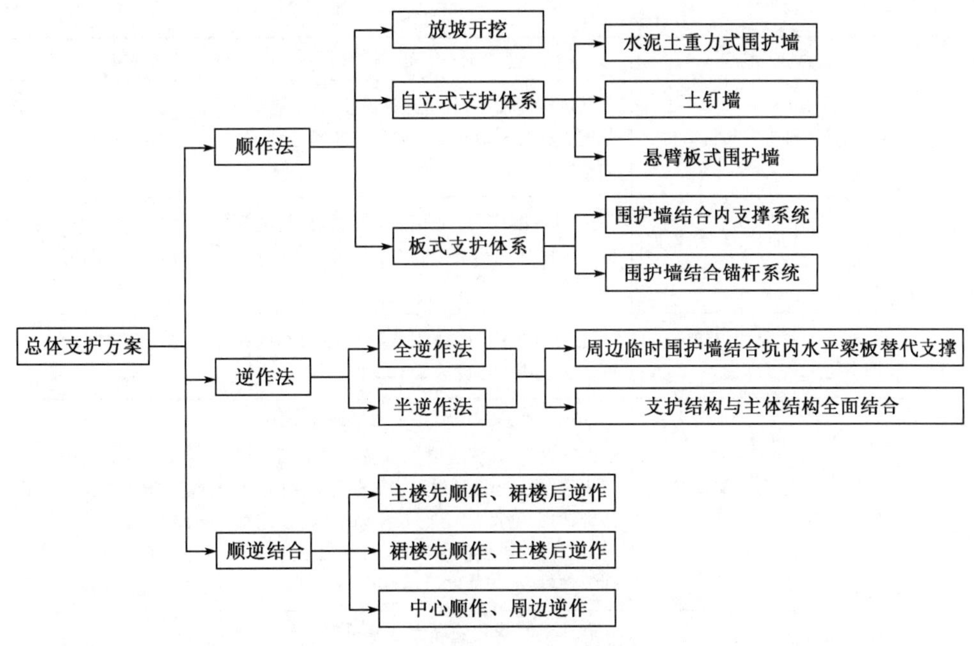

图4-7 基坑总体支护方案分类

常用基坑支护方法分类及适用范围 表4-4

类别	支护形式	适用范围	备注
放坡开挖及简易支护	放坡开挖	地基土质较好,地下水位低,或可采取降水措施降低水位,以及施工现场有足够放坡场地的工程。允许开挖深度取决于地基土的抗剪强度和放坡坡度	费用较低,条件许可时尽量采用
	放坡开挖为主,坡脚辅以短桩、隔板及其他简易支护	基本同放坡开挖。坡脚采用短桩、隔板及其他简易支护可减小放坡占用场地面积,或提高边坡稳定性	
	放坡开挖为主,辅以喷锚网加固	基本同放坡开挖。喷锚网主要用于提高边坡表层土体稳定性	
加固边坡土体形成自立式支护结构	水泥土重力式支护结构	可采用深层搅拌法施工,也可采用旋喷法施工。适用土层取决于施工方法。软黏土地基中,一般用于支护深度小于6m的基坑	可布置成格栅状,支护结构宽度较大
	加筋水泥土墙支护结构	一般用于软黏土地基中深度小于6m的基坑	常用型钢、预制钢筋混凝土T形桩等加筋材料。采用型钢加筋需考虑回收
	土钉墙支护结构	一般适用于地下水位以上或降水后的基坑边坡加固。土钉墙支护临界高度与地基土抗剪强度有关。软黏土地基中应控制使用,一般可用于深度小于5m,且可允许产生较大变形的基坑	可与锚、撑式排桩墙支护联合使用,用于浅层支护
	复合土钉墙支护结构	基本同土钉墙支护结构	复合土钉墙形式很多,应具体情况具体分析
	冻结法支护结构	可用于各类地基	应考虑冻融过程对周围环境的影响、电源不能中断,以及工程费用等因素

续上表

类别	支护形式	适用范围	备注
挡墙式支护结构	悬臂式排桩墙支护结构	基坑深度较小,且可允许产生较大变形的基坑。软黏土地基中一般用于深度小于6m的基坑	常辅以水泥土止水帷幕
	排桩墙加内撑式支护结构	适用范围广,可适用各种土层和基坑深度。软黏土地基中一般用于深度小于6m的基坑	常辅以水泥土止水帷幕
	地下连续墙加内撑式支护结构	适用范围广,可适用各种土层和基坑深度。一般用于深度大于10m的基坑	
	加筋水泥土墙加内撑式支护结构	适用土层取决于形成水泥土的施工方法。SMW工法三轴深层搅拌机械不仅适用于黏性土层,也能用于砂性土层的搅拌;TRD工法则适用于各种土层,且形成的水泥土连续墙的水泥土强度沿深度均匀,水泥土连续墙连续性好,加固深度可达60m	采用型钢加筋需考虑回收。TRD工法形成的水泥土连续墙连续性好。止水效果好
	排桩墙加拉锚式支护结构	砂性土地基和硬黏土地基可提供较大的锚固力。常用于可提供较大锚固力地基中的基坑。基坑面积大、优越性显著	采用注浆可增加锚杆的锚固力
	地下连续墙加拉锚式支护结构	常用于可提供较大锚固力地基中的基坑。基坑面积大,优越性显著	
其他形式支护结构	门架式支护结构	常用于开挖深度已超过悬臂式支护结构的合理支护深度且深度也不是很大的情况。一般用于软黏土地基中深度7~8m,且可允许产生较大变形的基坑	
	重力式门架支护结构	基本同门架式支护结构	对门架内土体采用深层搅拌法加固
	拱式组合型支护结构	一般用于软黏土地基中深度小于6m,且可允许产生较大变形的基坑	辅以内支撑可增加支护高度、减小变形
	沉井支护结构	软土地基中面积较小且呈圆形或矩形等较规则形状的基坑	

4.4.3 基坑工程发展趋势

未来的基坑支护工程必将越来越多,基坑深度将会越来越深,地质条件也会越来越复杂,由此必然会对基坑支护工程各方面提出新的更高的要求。总结基坑支护工程未来的发展趋势,大致可归纳为以下几点:

(1)系统化

基坑支护工程是一个系统工程,从勘察、设计到施工,涉及方方面面,故需要用系统的处理方法来解决基坑支护工程中的很多问题。

从国内的实际情况来看,设计方、施工方、监测方和科研方已经能够在基坑支护工程的实践中形成一个联合体。只要各方各谋其职,协调得当,是可以通过愉快的合作来保证工作的顺利进行的。但实际工作中仍存在一些问题,如设计单位与施工单位的配合尚不够规范和默契,设计意图往往不能准确地得到理解和实施;监测单位只是负责提供数据,不可避免地会出现监测与科研各自为战的局面等,加上基坑支护工程比较容易出现意外情况,如渗水、地下连续墙变形过大、地面沉陷等,谁来解释问题、解决问题和承担责任都需要通过系统地明确分工和综合调度来实现。在这一点上,我国与国外相比还有不小的差距,这就要求我们建立并完善基坑支护工程的组织管理系统。

(2)规范化

实践证明,随着基坑深度的大幅增加,基坑支护结构、土体、地下水的性态等都将发生很大的变化,有些甚至发生了质变,相应的设计规范、方法、软件等都存在着这样那样的不足。当然,原因是多方面的,如参数的试验取定,结构建模计算,有关内力、变形和稳定的限定等都受到理论、技术、设备和经验的限制。因此,出现了很多设计与施工脱节的现象。但随着超深、超大基坑的不断出现,相关的理论也在逐步完善,经验也在逐渐丰富,软硬件设备也有了很大的改善,深基坑支护工程也在不断规范化。

(3)智能化

智能化是基坑工程发展的必然趋势。计算机的介入使有限元计算、神经网络模型、遗传算法等先进方法得以发挥巨大的作用。众多设计、监测、科研甚至施工中的问题得到了突破性的进展。但从长远的眼光来看,这仅仅是个开始,未来的基坑支护工程的智能化速度必将越来越快,这从近两年相关软件、硬件的发展速度就可看出。

(4)机械化

施工机械化是基坑支护工程规模、难度不断加大的必然要求。地下连续墙的成槽、支撑立柱的钻孔、地下连续墙钢筋笼的起吊下放以及土方开挖、降水等都对施工机械的性能提出了越来越高的要求。虽然许多施工单位大胆投资引进了一些先进的施工机械设备,但还是不能满足基坑支护工程的要求,这必然影响施工的进度和精度。

(5)信息化

信息化已经成为未来基坑工程施工的显著特征,作为一个与复杂地质环境紧密相关的系统工程,及时的信息采集、分析和处理既可以真实地反映基坑实际的运作状态,指导下一步的施工工作,又可为科研设计提供宝贵的第一手资料。在现有的技术设备条件下,很多基坑工程中的问题还不能通过单纯的理论分析和理论计算来解释确定,信息采集和积累的工作仍有其不可替代的作用。

4.4.4　基坑工程实例

(1)土钉墙

东莞市某广场,占地面积约6800m^2,共两座22层的塔楼,由三层裙房连在一起;地下室两层,平面尺寸78m×72m,建筑物场地地面高程为12.9~16.4m,地形由东向西、由北向南倾斜,地面高差约3.5m;基坑最大开挖深度为10.5m,两侧开挖深度仅为7m,基坑周边总长为227m,开挖坡垂直面积约2500m^2。建筑物采用筏板基础,支承于地面下约10m的天然地基上。

基坑的东侧为城市主干道，距基坑边约 8m；基坑北侧为小区道路，紧临开挖线，距离不到 1m；南侧为正在施工的中兴大厦；西侧为 2～3 层的民房，距离基坑 3～6m。基坑平面位置及周围环境见图 4-8。

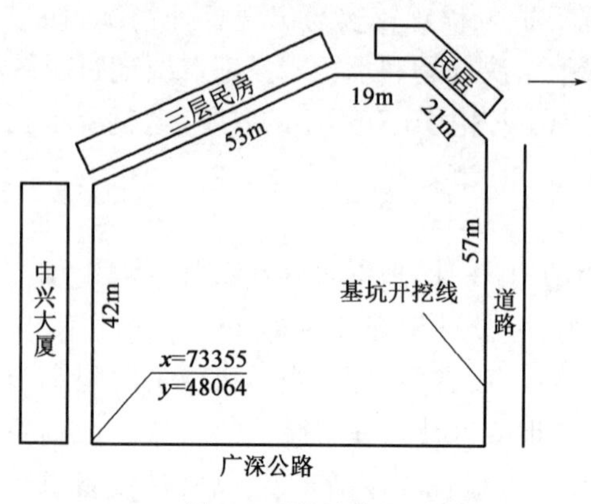

图 4-8　基坑支护平面图

根据场地地质勘察报告，场地内岩土层按成因分为：人工填土、第四纪坡残积层、第四纪残积层和震旦纪混合岩、混合花岗岩。

从支护设计角度考虑，场地的岩土层情况可简化为：第一层为填土，第二层为砂砾黏土和砂质黏土。由于这两种土的力学计算指标相当近似，故将这两种土简化成一种土。

第一层填土的力学计算指标为：重度 20kN/m^3，黏聚力 15kPa，内摩擦角 16°，变形模量 10MPa，层厚 1.5m；第二层土的力学计算指标为：重度 20kN/m^3，黏聚力 30kPa，内摩擦角 24°，变形模量 30MPa，层厚大于 35m。

地下水位在地表下 1.5m，场地总体富水性贫乏，地下水的主要来源为大气降水，地下水对混凝土无侵蚀性。

通过对人工挖孔护坡桩、钻孔灌注排桩和土钉墙等方案，从技术、经济和进度等方面进行比较，最后决定采用土钉墙方案。该方案的优点是：造价最低，比全部用挖孔桩方案低 200 万元，比钻孔桩方案低 300 万元；进度也快，不占用单独工期，可边挖边施工，待土方开挖完后，土钉墙支护既已形成，可立即施工地下室板基础，工期最短；技术上可行，安全可靠。具体方案为：基坑东侧、北侧采用土钉墙和预应力锚杆联合支护，西侧为土钉墙支护，南侧采用人工挖孔护坡桩（因紧邻中兴大厦地下室、土钉不能施工）。由于开挖部分的土质较好，富水性贫乏，故不采取专门的降水措施，仅在坡面预留一些泄水孔，如图 4-9 所示。

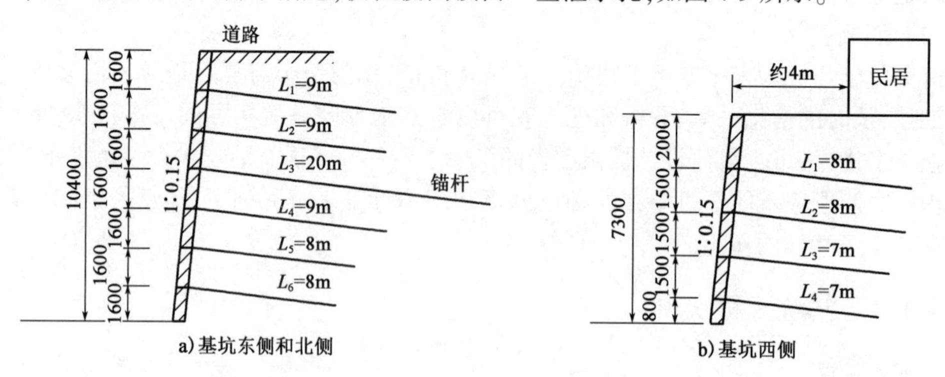

图 4-9　基坑支护剖面图（尺寸单位：mm）

（2）排桩支护

天津市某小区，拟建工程为地上 14 层，地下 1 层的住宅楼。紧邻场地南侧有一排三层砖混别墅，距拟建建筑物约 6.5m，东、西、北侧 20m 范围内无建筑物。该场地埋深 50.50m 深度范围内，地基土按成因年代可分为 8 层，按力学性质可进一步分为 14 个亚层，主要由粉质黏土、砂土、粉土组成。地下水属潜水类型，主要由大气降水补给，静止水位埋深0.25～1.5m，常年水位变幅在0.5～1.0m之间。各土层的力学性质见表4-5。

场地土力学性能指标 表4-5

土层	H(m)	γ(kN/m^3)	c(kPa)	φ(°)	E_a(MPa)
黏土	2.1	19.0	22.0	21.0	5.6
粉土	2.0	19.3	9.0	25.5	11.0
粉质黏土	8.2	18.9	18.0	24.3	5.7
粉质黏土	1.7	20.0	15.3	28.1	6.2
粉质黏土	4.9	19.5	17.6	28.6	6.3
粉质黏土	3.7	19.2	21.0	26.1	6.6
粉土	1.0	19.6	8.5	32.0	14.4
粉质黏土	1.6	19.4	26.5	20.8	5.8
粉土、粉砂	3.7	20.9	10.0	35.6	13
粉土、粉砂	2.1	19.8	11.2	37.2	17.9

基坑平面尺寸为118.1m×26.7m，开挖深度9.1m。基坑的围护结构以直径800mm、间距1200mm单排钢筋混凝土灌注桩（桩长17.7m）加帽梁体系作为挡土结构，双排水泥搅拌桩（桩长16.1m）作为止水帷幕，开挖至1.5m深度处设置700mm×900mm的混凝土水平支撑，水平方向间距为13m。基坑南侧4m外有联排砖混结构别墅（三层），为保证建筑物安全，在南侧除设置直径800mm、间距1200mm单排钢筋混凝土灌注桩（桩长17.7m）作为围护结构外，还利用距离围护桩2.4m处的一排桩距3.6m的直径800mm裙房灌注桩桩基，并以连系梁将两排桩的桩顶帽梁连接，试图使该排工程桩也兼作围护桩（形成类似双排桩结构），以减小土层水平位移。基坑支护平面图如图4-10所示，基坑剖面图如图4-11所示。

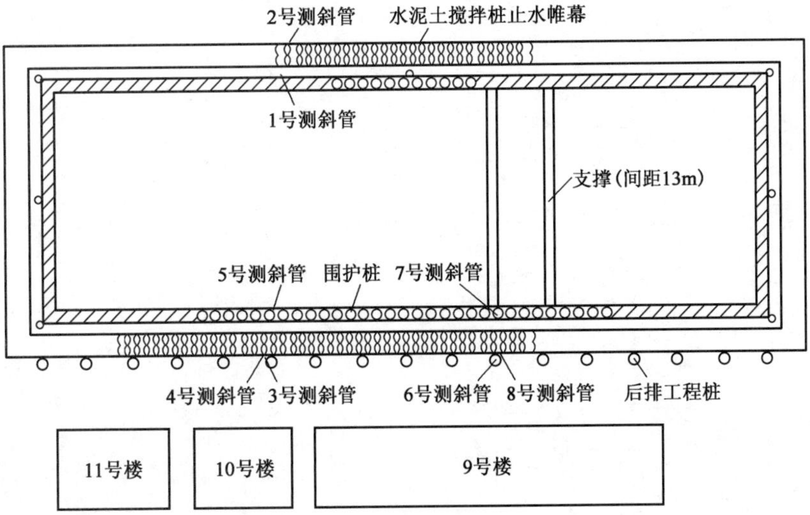

图4-10 基坑围护及周围场地平面图

基坑开挖后的情况如图4-12所示。由图4-12可清楚地看到,距建筑物较近且高程较大的为后排工程桩帽梁,与前排围护通过斜梁连接,水平支撑与前排围护桩帽梁连接。

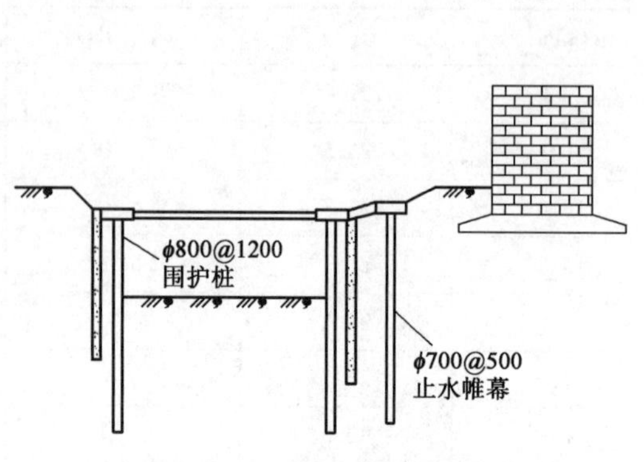

图4-11 基坑支护剖面图

图4-12 基坑开挖后实景图

第5章 地下工程的特性和利用形态

合理开发和利用地下空间是解决城市有限土地资源和改善城市生态环境的有效途径。向地下要土地、要空间已成为城市发展的必然趋势,并成为衡量城市现代化的重要标志。

5.1 地下工程的特性和优缺点

5.1.1 地下工程的特性

地下工程形成的空间阴暗和潮湿,几乎完全与地面隔离。对于人们来说不是一个舒适的空间。所以,在利用地下空间时,必须充分认识到这一点而有效地加以利用。其具有的特性大致分为:

(1)构造特性:例如空间性、密闭性、隔离性、耐压性、耐寒性、抗震性。

(2)物理特性:例如隔热性、恒温性、恒湿性、遮光性、难透性、隔声性。

(3)化学特性:例如反应性。

这些特性有的对地下空间有利,有的不利。因此,在规划地下空间时,应充分了解这些特性而加以充分利用。

5.1.2 地下工程的优缺点

1. 地下空间的优点

地下空间的特殊性,决定了其具有如下方面的优点:

(1)被限定的视觉的影响

部分或全部在地下的建筑物与通常的建筑物相比,外观较为隐蔽,这在多数场合或许是个优点。同样地,地下建筑物在需要保护历史环境的地区,是一个适当的解决方案。在一些大学,由于同样的理由而把图书馆、学生活动中心、书店等设置在地下。与环境协调,并保护了自然资源。

(2)地表面的开放空间

在地表面上修筑建筑物,因在层顶修筑广场或公园,能够保留一些开放空间,这对希望尽可能多的保留开放空间的城市商业区和大学内非常密集的场所是异常重要的。

(3)有效的土地利用

地下或覆土空间的利用,与土地的有效利用有着重要关系。如果能够在地下设置,就可以把地表面用作其他用途。这样就可以产生进行高密度的开发的可能性。如前所述,在地面上,已进行高密度的开发、不能修筑更多的建筑物的地区要扩大建筑物的空间容量,在可能利用地下建筑物的屋顶面的情况下,兴建地下空间是唯一的选择。

(4)有效的往来和输送方式

与地下空间开发有关系的就是有效的流通和输送系统的形成。大量输送系统会更加提高地下空间开发的效果。设置在开挖空间的输送系统,对地表面的障碍最小,可以对高密度地区进行有效的服务。地下空间的开发可以使居住和办公地点相当接近,因而缩短了交通时间和能源的消耗。同样地,由于非常接近的设置商业、工业等用途的建筑物,而使材料的移动费用和能源消耗减少。

(5)环境和利益

覆土结构具有形成潜在美的环境效益,这决定于许多建筑师和规划者的精心设计。优秀的设计可以使周围的地面赏心悦目,与自然景观浑然一体。特别是在城市的地下建筑,可以改善自然环境,增加改善景观的可能性。

地下结构倡议者和一些建筑师认为,土和植被覆盖的建筑物,对生态学是有贡献的。在高密度开发的今天,大面积的路面铺装和屋顶楼面,促使水的下流,其结果是使大量的雨水流入排水系统。用土覆盖的屋顶,能保持既有的保水功能,在屋顶保留大量的水;而且,还可以保持现有的地下水位。因此,可以减少该地区雨水排泄的必要性。其次,在兴建覆土结构的地区,可成为繁殖植物和动物的基地,而使自然景观更加充满活力。同时,也提高了水和空气的质量。

(6)能源的保护

能源利用的节省和气候的控制使地下结构具有潜在的保护能源的作用。但需要说明的是,这种效益很难定量。此外,能源的保护程度随各个设计和气候的不同而有很大差异。一般来说,与大地接触的地表面的面积比例越大,兴建的结构越深,则保护能源的效益越大。其效益主要表现在热渗透的减少、冬季热损失的减少、夏季增加的大地冷却能、热取得的减少、气温的日变动量的减少等几个方面。

(7)地下季节湿度的差异

随着埋深的增加,地下处于十分稳定的温度和湿度状态。

(8)自然灾害的保护

实质上,用土覆盖或围筑的结构,与通常的结构相比,更能防护各种自然灾害的影响。例如,在强风或龙卷风地区,覆土结构在防御功能上,得到了极高的评价。地下结构的抗震也是比较有效的。只要不把地下结构设在有缺陷的位置并加以适当的设计,地下结构比地面结构就会少受许多地震的危害。一般地说,地震波的振幅距地震源越远,危害越小。

(9)市民防卫

地下结构物本身具有保护人们免受自然灾害的特性,更期待其能够抵御破坏、攻击、核战争等威胁。保护的程度视其开口部的数量和大小、覆土厚度、空间以及与地表面间的结构等而不同。与明挖结构比,开挖空间越深保护的条件越好。但应与其他功能结合起来,以提高结构的效益。

(10)安全

地下空间因与地表面隔离,实质上是一个防火结构,因从地表进入是受限制的,所以与通常的建筑物相比,是很安全的。

(11)噪声和振动的隔离

几乎所有的地下建筑,除极少部分露出地面外,绝大部分都在地下,较少或完全不受噪声和振动的影响。

(12)维修管理

地下结构的一个优点是可以减轻维修管理。也就是说,降低了维修管理的必要性。因为结构主要是采用耐久性好的混凝土材料修筑的,此外采用了高质量的防水性和隔热性的材料。

2. 地下空间的缺点

在地下空间利用上,有几个问题需要解决。这并不是物理的或建造上的问题,更大程度上是心理上的问题。

(1)获得眺望和自然采光的机会有限

由于建筑物全部或部分设在地下,外壁表面几乎都被土覆盖,供给自然光和向屋外眺望,在设计选择上是受限制的。地下建筑物的这种限制,可以利用中庭等接近地表的开口部得到一定的解决,但对开挖空间,这个问题更为严重。利用自然光和眺望,具有心理学和心理社会学的效益。但采光和眺望并不是所有活动都要求的,对于不具有方向性活动的大空间,如人们滞留时间很短的商店和图书馆等,一般不必设置窗户;剧场以及仓库等完全可以不设窗户。

(2)进入和往来的限制

主要的步行者和车辆的往来,几乎都是在地表面上进行,人和车往来地下空间是受限制的。当然,进入地下的方法或是从地表或是从地表下修筑的一二层空间内,这在埋土的地下空间最容易解决。

(3)能源上的限制

能源上的效益是有限制的。地下结构物不能片面追求效益,需视情况而定,有的地下结构物作为整体的效益,也许会降低,但这不能完全否定所有地下结构物的整体效益。因为地下结构物的效益很难定量:如通风对效益的影响;内部热取得对效益的影响;开口部位对地下温度的影响;温度、季节差异对效益的影响;暖房/冷房对效益的影响;结露、蒸发散湿对效益的影响等。

3. 地下空间的合理利用

确定地下空间合理的利用方法,取决于空间的良好设计和编制的长期规划。为此,对多样的非居住用途的地下空间利用,研究其基础性是十分重要的,以便明确适合或不适合地下空间开发。重要的是根据建筑物的种类,明确主要设计上的优点、安全和卫生上的可靠性,也就是说要充分发挥地下空间的优点和效益。

5.2　地下工程利用形式

地下工程的利用形态是多种多样的,归纳起来大致有以下几种:

(1)为确保人类生存、安全的:如各种储藏设施、地下住宅等。

(2)伴随城市的现代化发展而利用地下空间的:如城市有轨交通系统、上下水道等。

(3)伴随科学技术的发展而利用地下空间的:如地下水力发电站、地下能源发电站以及地下工厂等。

(4)大规模国土的有效利用:如城市间、国家间的交通设施等。

(5)防御和减少灾害的地下设施:如人防工程、各种储备设施、防御洪水灾害的地下河、地下坝等。

5.2.1 隧道

隧道是修建在地下或水下或者在山体中,铺设铁路或修筑公路供机动车辆通行的建筑物。根据其所在位置可分为山岭隧道、水下隧道和城市隧道三大类。为缩短距离和避免大坡道而从山岭或丘陵下穿越的称为山岭隧道;为穿越河流或海峡而从河下或海底通过的称为水下隧道;为适应铁路通过大城市的需要而在城市地下穿越的称为城市隧道。这三类隧道中修建最多的是山岭隧道(图5-1)。

a)

b)

图5-1 山岭隧道

1. 隧道的发展简介

自英国于1826年起在蒸汽机车牵引的铁路上开始修建长770m的泰勒山单线隧道和长2474m的维多利亚双线隧道以来,英、美、法等国相继修建了大量铁路隧道。19世纪共建成长度超过5km的铁路隧道11座,其中有3座超过10km,最长的为瑞士的圣哥达铁路隧道,长14998m。1892年通车的秘鲁加莱拉铁路隧道,海拔4782m,是现今世界最高的标准轨距铁路隧道。在19世纪60年代以前,修建的隧道都用人工凿孔和黑火药爆破方法施工。1861年修建穿越阿尔卑斯山脉的仙尼斯峰铁路隧道时,首次应用风动凿岩机代替人工凿孔。1867年修建美国胡萨克铁路隧道时,开始采用硝化甘油炸药代替黑火药,使隧道施工技术及速度得到进一步发展。

在20世纪初期,欧洲和北美洲一些国家铁路形成铁路网,建成的5km以上长隧道有20座,其中最长的是瑞士和意大利间的辛普朗铁路隧道,长19.8km。美国的长约12.5km的新喀斯喀特铁路隧道和加拿大长约8.1km的康诺特铁路隧道都采用中央导坑法施工。其施工平均年进度分别为4.1km和4.5km,是当时最快的施工方法。至1950年,世界铁路隧道最多的国家有意大利、日本、法国和美国。日本至20世纪70年代末共建成铁路隧道约3800

座,总延长约1850km,其中5km以上的长隧道达60座,为世界上铁路长隧道最多的国家。1974年建成的新关门双线隧道,长18675m,为当时世界最长的海底铁路隧道。1981年建成的大清水双线隧道,长22228m,为世界最长的山岭铁路隧道。连接本州和北海道的青函海底隧道,长达53850m,为当今世界最长的海底铁路隧道。

20世纪60年代以来,隧道机械化施工水平有很大提高。全断面液压凿岩台车和其他大型施工机具相继用于隧道施工。喷锚技术的发展和新奥法的应用为隧道工程开辟了新的途径。掘进机的采用彻底改变了隧道开挖的钻爆方式。盾构机构造不断完善,已成为松软、含水地层修建隧道最有效的工具。

我国于1887~1889年在台湾省台北至基隆窄轨铁路上修建的狮球岭隧道,是我国的第一座铁路隧道,长261m。此后,又在京汉、中东、正太等铁路修建了一些隧道。京张铁路关沟段修建的4座隧道,是用我国自己的技术力量修建的第一批铁路隧道,其中最长的八达岭铁路隧道长为1091m,于1908年建成。我国在1950年以前,仅建成标准轨距铁路隧道238座,总延长89km。自20世纪50年代以来,隧道修建数量大幅度增加,1950~1984年间共建成标准轨距铁路隧道4247座,总延长2014.5km,成为世界上铁路隧道最多的国家之一。此外,我国还建有窄轨距铁路隧道191座,总延长23km。截至1984年,我国共建成5km以上长隧道10座,最长者为京原铁路的驿马岭铁路隧道,长7032m;京广铁路衡韶段大瑶山双线隧道,长14.3km。

我国铁路隧道约有半数以上分布在川、陕、云、贵4省。成昆、襄渝两条铁路干线隧道总延长分别为342km及282km,占线路总长的比率分别为31.6%和34.3%。

2.隧道的勘察与设计

为确定隧道位置、施工方法和支护、衬砌类型等技术方案,对隧道地处范围内的地形、地质状况,以及对地下水的分布和水量等水文情况要进行勘测。

在隧道勘测和开挖过程中,须了解围岩的类别。围岩是隧道开挖后对隧道稳定性有影响的周边岩体。围岩分类是依次表明周围岩石的综合强度。我国在1975年制定的铁路隧道工程技术规范中将围岩分为6类。关于岩石分类,20世纪70年代以前常用太沙基及普氏等岩石分类方法,20世纪70年代以后在国际上应用较广并为国际岩石力学学会推荐的为巴顿等分级系统。此外,还有日本以弹性波速为主的分类法。围岩类别的确定,为隧道工程合理设计和顺利施工提供了依据。

隧道的设计包括隧道选线、纵断面设计、横断面设计、辅助坑道设计等。

(1)选线

根据线路标准、地形、地质等条件选定隧道位置和长度。选线应作多种方案的比较。长隧道要考虑辅助坑道和运营通风的设置,洞口位置的选择要依据地质情况,考虑边坡和仰坡的稳定,避免塌方。

(2)纵断面设计

沿隧道中线的纵向坡度要服从线路设计的限制坡度。因隧道内湿度大,轮轨间黏着系数减小,列车空气阻力增大,因此在较长隧道内纵向坡度应加以折减。纵坡形状以单坡和人字坡居多,单坡有利于争取高程,人字坡便于施工排水和出碴。为利于排水,最小纵坡一般为2‰~3‰。

(3)横断面设计

隧道横断面即衬砌内轮廓,是根据不侵入隧道建筑限界而制定的。我国隧道建筑限界分为蒸汽及内燃机车牵引区段、电力机车牵引区段两种,这两种又各分为单线断面和双线断面。衬砌内轮廓一般由单心圆或三心圆形成的拱部和直边墙或曲边墙所组成。在地质松软地带另加仰拱。单线隧道轨面以上内轮廓面积约为 27 ~ 32m^2,双线约为58 ~ 67m^2。在曲线地段由于外轨超高、车辆倾斜等因素,断面须适当加大。电气化铁路隧道因悬挂接触网等应提高内轮廓高度。中、美、俄三国所用轮廓尺寸为:单线隧道高度约为 6.6 ~ 7.0m,宽度约为 4.9 ~ 5.6m;双线隧道高度约为 7.2 ~ 8.0m,宽度约为 8.8 ~ 10.6m。在双线铁路修建两座单线隧道时,其中线间距离须考虑地层压力分布的影响,石质隧道约为 20 ~ 25m,土质隧道应适当加宽。

(4)辅助坑道设计

辅助坑道有斜井、竖井、平行导坑及横洞四种。斜井是在中线附近的山上有利地点开凿的斜向正洞的坑道。斜井倾角一般在 18° ~ 27°之间,采用卷扬机提升。斜井断面一般为长方形,面积约为 8 ~ 14m^2。竖井是在山顶中线附近垂直开挖的坑道,通向正洞。其平面位置可在铁路中线上或在中线的一侧(距中线约 20m)。竖井断面多为圆形,内径约为 4.5 ~ 6.0m。平行导坑是距隧道中线 17 ~ 25m 开挖的平行小坑道,以斜向通道与隧道连接,亦可作将来扩建为第二线的导洞。我国自 1957 年修建川黔铁路凉风垭铁路隧道采用平行导坑以来,在 58 座长 3km 以上的隧道中约有 80% 修建了平行导坑。横洞是在傍山隧道靠河谷一侧地形有利之处开辟的小断面坑道。

此外,隧道设计还包括洞门设计、开挖方法和衬砌类型的选择等。

3. 隧道的开挖方法

开挖方法分为明挖法和暗挖法。明挖法多用于浅埋隧道或城市铁路隧道,而山岭铁路隧道多用暗挖法。按开挖断面大小、位置分,有分部开挖法和全断面开挖法。在石质岩层中采用钻爆法最为广泛,采用掘进机直接开挖也逐渐推广。在松软地质中采用盾构法开挖较多。

(1)钻爆法

在隧道岩面上钻眼,并装填炸药爆破,用全断面开挖或分部开挖等将隧道开挖成型的施工方法。钻爆法开挖作业程序包括测量、钻孔、装药、爆破、通风、出碴、打锚杆、立架、挂网、喷锚等工序。

①钻孔。要先设计炮孔方案,然后按设计的炮孔位置、方向和深度严格钻孔。单线隧道全断面开挖,采用钻孔台车配备中型凿岩机,钻孔深度约为 2.5 ~ 4.0m。双线隧道全断面开挖采用大型凿岩台车配备重型凿岩机,钻孔深度可达 5.0m。炮孔直径约为 4 ~ 5cm,炮孔分为掏槽孔(开辟临空面)、掘进孔(保证进度)和周边孔(控制轮廓)。

②装药。在掏槽孔、掘进孔和周边孔内装填炸药。一般装填硝铵炸药,有时也用胶质炸药。装填炸药率约为炮眼长度的 60% ~ 80%,周边孔的装药量要少些。为缩短装药时间,可把硝铵炸药制成长的管状药卷,以便填入炮眼;也可利用特制的装药机械把细粒状药粉射入炮孔中。

③爆破。19 世纪上半期以前用明火起爆。1867 年美国胡萨克铁路隧道开始采用电力

起爆。此后,电力起爆逐渐推广。在全断面掘进中,为了减低爆破对围岩的振动和破坏,并保证爆破的效果,多采用分时间阶段爆破的电雷管或毫秒雷管起爆。一般拱部采用光面爆破,边墙采用预裂爆破。近期发展的非电引爆的导爆索应用日益广泛。

④施工通风。排出或稀释爆破后产生的有害气体和由内燃机产生的氮氧化物及一氧化碳,同时排除烟尘,供给新鲜空气,借以保证隧道施工人员的安全和改善工作环境。通风可分主要系统和局部系统。主要系统可利用管道(直径一般为1~1.5m,也有更大的)或巷道(平行导坑等),配以大型或中型通风机;局部系统多用小型管道及小型通风机。巷道通风多采用吸出式,将污浊空气吸出洞外,新鲜空气由正洞流入。新鲜空气不易达到的工作面,须采用局部通风机补充压入。

⑤施工支护。隧道开挖必须及时支护,以减少围岩松动,防止塌方。施工支护分为构件支撑和喷锚支护。构件支撑一般有木料、金属、钢木混合构件等,现在使用钢支撑者逐渐加多。喷锚支护是20世纪50年代发展起来的一种支护方法,其特点是支护及时、稳固可靠,具有一定柔性,与围岩密贴,能给施工场地提供较大活动空间。我国在一些老黄土隧道中应用喷锚支护也获得成功。喷射混凝土工艺分为干喷和湿喷。现多采用干喷法,即将干拌混凝土内掺入一定数量的速凝剂,用压缩空气将混凝土由管内喷出。在喷口加水射到岩石面上,一次可喷3~5cm厚度。在喷射混凝土中掺入一些钢纤维,或在岩面挂钢丝网可提高喷锚支护的强度。钢锚杆安设在岩层面上的钻孔内,其长度和间距视围岩性质而定,一般长度为2~5m,通常用树胶和水泥浆沿杆体全长锚固。在岩层较好地段仅喷混凝土即可得到足够的支护强度,在围岩坚硬稳定的地段也可不加支撑;在软弱围岩地段喷锚可以联合使用,锚杆应加长,以加强支护力。

⑥装碴与运输。在开挖作业中,装碴机可采用多种类型,如后翻式、装载式、扒斗式、蟹爪式和大铲斗内燃装载机等。运输机车有内燃牵引车、电瓶车等,运输车辆有大斗车、槽式列车、梭式矿车及大型自卸汽车等。运输线分有轨和无轨两种。

由钻孔直到出碴完毕称为一个开挖循环。根据我国的经验,在单线全断面开挖中24h能作两个循环,每个循环能进3.5m深度,每日单口进度可达7m。然而在开挖中难免遇到断层或松软石质以及涌水等,不易保持每日的预计循环,所以每月单口实际进度多低于200m。我国成昆线蜜蜂箐单线隧道单口最高月进度曾达到200m。日本大清水双线隧道单口最高月进度曾达到160m。开挖循环作业的特点是一个工序接一个工序必须逐项按时完成,否则前一工序推迟就会影响下一工序,因而拖长全部时间。其中最主要的工序为钻孔及出碴,所用时间占全部作业时间比例较大。

钻爆法开挖采用的方法有全断面开挖法和分部开挖法。

①全断面开挖法。一次开挖成型的方法。一般采用带有凿岩机的台车钻孔,用毫秒爆破,喷锚支护。还要有大型装碴运输机械和通风设备。全断面开挖法又演变为半断面法。半断面法是弧形上半部领先,下半部隔一段距离施工。

②分部开挖法。先用小断面超前开挖导坑,然后,将导坑扩大到半断面或全断面的开挖方法。这种方法主要优点是可采用轻型机械施工,多开工作面,各工序间拉开一定的安全距离。缺点是工序多,有干扰,用人多。根据导坑在隧道断面的位置分为:上导坑法、中央导坑法、下导坑法以及由上下导坑互相配合的各种方法,另有把全断面纵向分为台阶进行开挖,

而各层台阶距离较短的台阶法。

上导坑法适用于软弱岩层,衬砌顺序是先拱后墙,曾于1872~1881年为圣哥达隧道采用。我国短隧道一般用这种方法。中央导坑法是导坑开挖后向四周打辐射炮眼爆破出全断面或先扩大上半部。20世纪20年代美国新喀斯喀特隧道也用这种方法。下导坑法即下导坑领先的方法。其中包括:

①上下导坑法。利用领先的下导坑向上预打漏斗孔,便于开展上导坑等多工序平行作业。衬砌顺序多用先拱后墙,遇围岩较好时亦可改为先墙后拱。

②漏斗棚架法。适用于坚硬地层,以下导坑掘进领先,由下而上分层开挖,设棚架,先衬砌边墙后砌拱。1961~1966年在我国成昆线关村坝铁路隧道应用,1964年复工后取得平均单口月成洞152m的进度。

③蘑菇形法。同漏斗棚架法类似,也设棚架,但先衬砌拱部后砌边墙。1971~1973年在枝柳线彭莫山单线隧道应用,取得平均单口月成洞132m的进度。

④侧壁导坑法。两个下导坑领先,环形开挖,最后挖掉中心土体,衬砌顺序为先墙后拱,多用于围岩很差的双线隧道。也有采用上导坑领先及两个下导坑成品字形的。

全断面开挖法和分部开挖法是钻爆法开挖常用的方法,但隧道施工很复杂,时常遇到各种困难情况,如大断层、流砂、膨胀地层、溶洞、大量涌水等,尚需采取相应措施。

(2)盾构法

采用盾构作为施工机具的隧道施工方法。1825年在伦敦泰晤士河水下隧道首先试用盾构,并获得成功。此后,松软地质多采用盾构法开挖。盾构是一种圆形钢结构开挖机械,其前端为切口环,中间为支撑环,后端为盾尾。开挖时,切口环首先切入地层并能掩护工人安全地工作;支撑环是承受荷载的主要部分,其中安设多台推进盾构的千斤顶及其他机械;盾尾随着上述两部分前进,保护工人安装铸铁管片或钢筋混凝土管片。盾构法适用于松软地层,施工安全,对地层扰动少,控制围岩周边准确,极少超挖。日本丹那铁路隧道曾采用盾构法施工。

(3)掘进机法

在整个隧道断面上,用连续掘进的联动机施工的方法。早在19世纪50年代初,美国胡萨克隧道就试用过掘进机,但未成功。直到20世纪50年代以后才逐渐发展起来。掘进机是一种用强力切割地层的圆形钢结构机械,有多种类型。普通型的掘进机的前端是一个金属圆盘,以强大的旋转和推进力驱动旋转,圆盘上装有数十把特制刀具,切割地层,圆盘周边装有若干铲斗将切割的碎石倾入皮带运输机,自后部运出。机身中部有数对可伸缩的支撑机构,当刀具切割地层时,它先外伸撑紧在周围岩壁上,以平衡强大的扭矩和推力。掘进机法的优点是对围岩扰动少,控制断面准确,无超挖,速度快,操作人员少。

(4)隧道衬砌

隧道开挖后,为使围岩稳定,确保运营安全,需按一定轮廓尺寸建造一层具有足够强度的支护结构,这种隧道支护结构称为隧道衬砌。常用的衬砌种类有就地灌注混凝土类、预制块拼装、喷锚或单喷混凝土、复合式衬砌。复合式衬砌是在喷锚或单喷支护之后,再就地灌注一层混凝土,形成喷锚支护同混凝土衬砌结合的复合式衬砌结构。如遇有水地段可在两层支护间加挂一层塑料板或其他做防水层。

4. 隧道的未来发展趋势

现代高度竞争的地下采矿与隧道工程要求成本集约、安全开凿与岩石加固等。机器设备必须安全可靠,并紧密跟随工业持续提高的生产力与飞速发展的经济步伐。掘进机开挖法正在不断研究改进,并生产出各种新机械,其应用有广阔前景。液压凿岩机不断更新完善,使隧道开挖进度大大提高。光电测量仪器和激光导向设备的使用,使长隧道施工精确程度有所提高。目前,航空勘测、遥感技术、物探技术、岩层中应力应变的量测技术、电子计算机技术等的广泛应用,使隧道勘测设计技术水平也有很大提高。精确爆破技术、水平钻探技术和预灌浆技术的不断提高,有可能提高隧道开挖过程的安全性,并能保证隧道工程的质量。

5.2.2　地下街

城市地下街道是城市建设发展到一定阶段的产物,是城市发展过程中所产生的一系列固有矛盾状况下解决城市可持续发展的一种有效途径。

随着地下街建设规模的不断扩大,将地下街同各种地下设施综合考虑(如地铁、市政地下管线、高速路、停车场等相结合),形成具有城市功能的地下大型综合体,它是地下城的雏形。

自1930年后日本就开始建造地下商业街,凡到过日本大城市的外国人,都会对其地下街的发达程度感到吃惊,无论是数量还是质量,日本地下街均属当今世界相对先进和发达的。日本地下街最早出现在1932年的须田地铁车站商场,就规模而言较小,面积仅348.6m^2。20世纪50年代以来,随着大规模的站前广场及地铁的建设许多地方都开始规划地下街。截至1994年,在日本全国20座城市中共修建了79处地下街,总面积达92.27万m^2,其中东京八重洲地下街面积达6.8万m^2。在日本每天有1200万人进出地下街,平均每9个国民中就有一个。因此,日本地下街在城市生活中城市地下空间的利用领域有着十分重要的地位。

在欧洲,如德国、法国、英国等一些大城市,在战后的重建和改建中,在发展高速道路系统和快速轨道交通的同时,结合交通换乘枢纽的建设,发展了多种类型的地下街(地下综合体)。

日本是地下街最发达的国家,目前已在20多个城市修建了各种规模的地下街150多处,超过120万m^2,其中70%分布在东京、名古屋、大阪三个城市。欧美一些国家也正在积极地修建地下街,如加拿大的蒙特利尔市,提出以地下铁道车站为中心建造联络该城市2/3设施的地下街网的宏伟规划,并正在实施中。据不完全统计,我国已有16个城市修建了59条地下街。

1. 地下街的类型

"地下街"一词,最初是在日本出现的。其发展初期是在一条地下步行道的两侧开设一些商店而形成,由于与地面上的街道类同,因而称为"地下街"。经过几十年的发展,地下街从内容到形式上都有很大的变化,已从单纯的商业性质变为融商业、交通及其他设施(如文化娱乐设施)为一体的综合地下服务群体建筑(图5-2)。

从目前的利用情况看,地下街的基本类型有3种。

a)

b)

图 5-2 地下街

(1)广场型

广场型地下街多修建在火车站的站前广场或附近广场的下面,与交通枢纽连通。如图 5-3所示。

图 5-3 广场型地下街

广场型地下街位于城市交通枢纽地段,如火车站、中心广场等。特点是规模大、客流量大、停车面积大。如日本车站的八重洲地下街分为上、下层,上层为人行通道及商业区,下层为交通通道,有高速铁路和地下铁道。地下街总面积达 $68000m^2$,总长度为 6.0km,拥有 141 个商店,与 51 座大楼连通,每天利用人数达 300 万人以上。

(2)街道型

街道型地下街一般修建在城市中心区较宽广的主干道之下,出入口多与地面街道和地面商场相连,也兼作地下人行道或过街人行道。如图 5-4 所示。

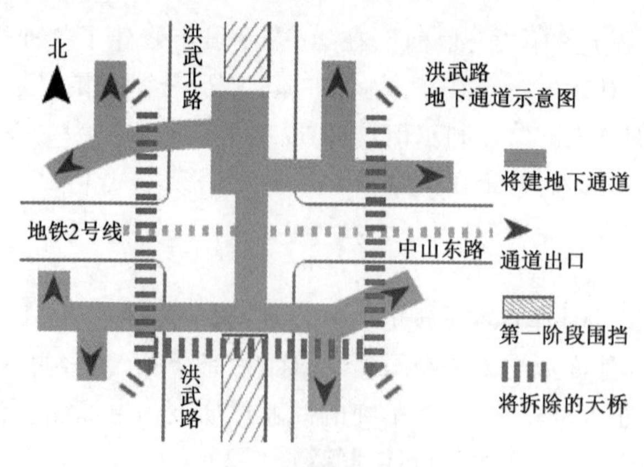

图 5-4 街道型地下街

街道型地下街平面多为一字形或十字形。在地面交叉口处的地下空间相应设置交叉口，并沿街道走向布置，同地面有关建筑设施相连，出入口的设置与地面主要建筑及小交叉口街道相结合，以保证人流的上下。如我国成都市顺城街地下商业街：该地下街位于成都市中心繁华商业区，全长1300m，分单、双层，总建筑面积41000m^2，宽为18.4～29.0m，中间步行道宽7.0m，两边为店铺。有30个出入口，另有设备（通风、排水等）和生活设施房间、火灾监控中心办公室等。

（3）复合型

复合型地下街是上述两种类型的综合，具有两者的特点，一些大型的地下街多属此类。如图5-5所示。

从表面上看，地下街中繁华的商业似乎给人以商业为主要功能的印象，其实不然。地下街应是一个综合体，在不同的城市以及不同的位置，其主要功能并不一样。因此在规划地下街时，应明确其主要功能，以便合理地确定各组成部分的相应比例，从日本修建的地下街的组成情况看，在地下街的总面积中，通道占29.6%，停车场占30.5%，商店占25.6%，机房等设施占14.4%，其中通道和停车场占了总面积的60%，这说明日本地下街的主要功能和作用在于交通。

图5-5　复合型地下街

2. 地下街的规划

地下街的规划与设计，首先应该建立在现状调查及未来预测的基础上，其内容包括以下几个方面。

（1）周围地区的土地利用

在考虑交通规划或商业区条件时，应该掌握包括地点在内的周围地区的土地利用现状，并预测其以后的动向。重点掌握：

①地价的状况。

②应该掌握包括地点在内的周围地区的土地利用现状。

③事务所的分布、数量、就业人数。

④夜间人口。

⑤按产业和职业类型划分的就业人口。

⑥住宅户数和规模。

⑦建筑物的用途、构造、面积。

⑧城市设施（公园、车站、学校、医院、文化设施等）。

⑨建设的动态等。

⑩土地区域规划、道路规划等的执行情况。

⑪交通量（人行、自行车、汽车的交通量，自行车、汽车的停车量以及车站的乘降人员数等）。

分析这些相互关联的资料,并进行现场实际调查,根据城市和地区的特点及所预测的该地区的发展方向进行地下街的规划,确定其功能。如:可作为中心商业区、零售部为中心的繁华商业街、事务所为中心的业务区等。

(2)周围地区的交通

掌握该地区周围交通并预测未来,对明确地区的性质及其在城市中的地位,进而建立该地区的交通方案是很重要的。其中包括:

①交通量观测调查。在步行者、自行车、汽车等通行的主要地点设置调查员,观测、记录一天内的交通量变化情况。

②汽车起终点的调查。对不同类型汽车行驶的起终点、运行目的等进行调查。在商业区建立区域的道路系统网规划是非常重要的。

③人员流通调查。指直接以人为对象,掌握一天中该区域人活动的分布情况。

④物资流动调查。指以物为对象进行调查,掌握物资流动和聚集等动向。

⑤停车实态调查。对观测地区内指定的停车场以及道路区间的停车状况等进行调查。

(3)周围地区的商业

地下街是一个很大的商业中心,对其周围的商业以及与商业相联系的事务所等会产生较大的影响。应掌握周围地区的商业实态。主要内容为:

①周围地区商业的实态和存在的问题。要从商业的观点来分析和整理与商业区业态有关的各项指标,并要掌握消费者的分布、动向以及由于各种规划(公路、铁路等)的实施所造成的环境变化。

②商业者的现状和动向。掌握按营业类型(批发、零售、服务等)划分的商店数、店铺面积、就业人数、营业额等。

(4)现场的状况

地下街一般都修建在地面交通量大、地下占有物较密的干线道路或城市广场之下。因此应预先进行充分调查,掌握施工的可能性及复杂性,应对详细的地质、地下水位、滞水层位置、水头、水质、埋设物、弃土场、运输路径等进行调查。

(5)地下街的组成

地下街规划研究涉及的专业面很广,如道路交通、城市规划、建筑设备、防灾防护等,而地下街某一组成部分情况也有差异,一般中小型地下商业街主要由步行道、出入口、商场及附属设施组成。从日本地下商业街建设经验反映出的各主要组成部分的比例关系如表5-1所示。

日本6大城市地下街组成比例　　表5-1

城市	地下街总面积(m^2)	公共通道		商店		停车场		机房等	
		面积(m^2)	占比(%)	面积(m^2)	占比(%)	面积(m^2)	占比(%)	面积(m^2)	占比(%)
东京	223082	45116	20	48308	21.6	91523	41.1	38135	17
横滨	89622	20047	22	26938	30.1	34684	38.6	7993	8.9
名古屋	168968	46979	27	46013	27.2	44961	26.6	31015	18
大阪	95798	36075	37	42135	43.9	—	0	17588	18
神户	34252	9650	28	13867	40.5	—	0	10735	31
京都	21038	10520	50	8292	39.4	—	0	2226	10

由表5-1数值可以看出,名古屋三大部分比例约各占1/3;年代越早,则商场面积所占比例越大,且基本没有车库。日本于1973年以后的建设标准作了如下规定:地下街内商店面积一般不应大于公共步行道面积,同时商店与步行道面积之和应大致等于停车场面积,也可用式(5-1)表示:

$$\begin{cases} A \leqslant B \\ A + B \approx C \end{cases}$$

式中:A——商店面积;

B——通道面积;

C——停车场面积。

我国现在仍无统一标准,基本上参考国外经验并按我们的具体情况执行。

地下街在规划上要考虑是否规划停车场,这在设计上对使用功能的要求是截然不同的。至于地下高速路是否与地下街整体考虑,虽在管理上也许不能统一,但在设计上需要两个专业密切配合才能完成,它还涉及地面及高架公路的连接技术。

地下商业街分为以下几个主要部分:

①交通面积。交通面积在步行街式商店中比较清楚,为了分析方便,厅式商店中两柜台间距扣减1.2m为交通面积。这里主要指步行街式商店的交通面积。

②营业用房面积。步行街式商店营业部分为一个个店铺与街连通。此面积主要指营业用房内面积。

③辅助用房面积。辅助用房主要有仓库、机房、行政管理用房、防灾控制中心用房、卫生间等。

④停车场面积。地下商业街内的营业面积与经济效益有关,在通常情况下,营业面积越大,经济效益就越高,反之则低。

地下街中商业各组成部分的面积所占比例,见表5-2。

地下街中商业各组成部分的面积比例　　表5-2

地下街名称		总建筑面积	营业面积		交通面积		辅助面积
			商店	休息厅	水平	垂直	
东京八重洲地下街	面积(m^2)	35584	18352	1145	11029	1732	3326
	比例(%)	100	51.6	3.2	31.0	4.9	9.3
大阪虹之町地下街	面积(m^2)	29480	14160	1368	8840	1008	4104
	比例(%)	100	48.0	4.6	30.0	3.4	14.0
名古屋中央公园地下街	面积(m^2)	20376	9308	256	8272	1260	1280
	比例(%)	100	45.7	1.3	40.6	6.1	6.3
东京歌舞伎町地下街	面积(m^2)	15637	6884	—	4114	504	4235
	比例(%)	100	44.0	—	25.7	3.2	27.1
横滨波塔地下街	面积(m^2)	19215	10303	140	6485	480	1087
	比例(%)	100	53.6	0.8	33.7	2.5	9.4

注:清华大学童林旭教授统计分析。

由表5-2可以看出,地下街中营业面积平均占总建筑面积的50.6%,交通面积占总建筑面积的36.2%,辅助面积占总建筑面积的13.2%,它们之间的比值约为15∶11∶4或简化为4∶3∶1。

5.2.3 地下停车场

地下停车场(Underground Parking)是城市地下空间利用的重要组成部分。目前大规模地下空间的开发均有停车场的规划,主要原因是城市汽车总量在不断增加,而相应停车场不足,城市汽车"行车难"、"停车难"的现象已十分普遍,充分利用地下空间建设停车场对缓解城市道路拥挤具有十分重要的作用。

由于人口向城市集中,汽车数量的增加使城市中停车场的需求量也在不断增加。停车场占地面积大(一辆小汽车约占地$25m^2$)。在城市用地日趋紧张的情况下,将停车场放在地面以下,是解决城市中心地区停车难的途径之一。如图5-6所示。

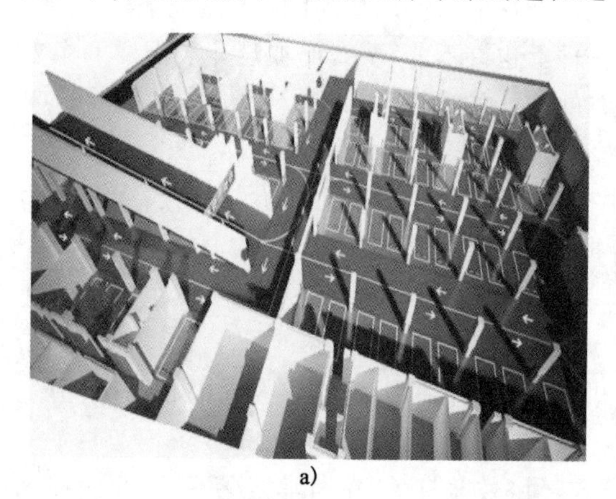

a)

b)

图5-6 地下停车场

地下停车场出现在二次大战后,当时是为满足战争的防护及战备物资贮存、运送而出现的,主要矛盾并非停车难。而大量建造地下停车场是在20世纪50年代后,欧美等资本主义国家开始建造规模较大的停车场,此时的主要矛盾是汽车数量的增多及停车设施不足,地面空间有限而宝贵。当时的地下停车场最大的为1952年美国洛杉矶波星广场的地下停车场,地下车库为3层,有4组进出坡道和6组层间坡道,均为曲线双车线坡道,广场地面为绿地和游泳池,停车2150辆,如图5-7所示。法国巴黎1954年开始规划深层地下交通网,其中有41座地下车库,总容量为5.4万辆,如图5-8所示。日本在20世纪60年代发展的地下停车场多为400辆以下规模。20世纪70年代后日本几个大城市共有公共停车场214座,总容量44208辆,其中地下75座,容量21281辆,占总数48%,到1984年又建了75座,如图5-9所示。我国的地下停车场建设大致起步于20世纪70年代,当时主要以"备战"为指导方针建了一些专用车库,并保证平时使用,如湖北省建造了可停放5t载重车38辆的车库,总建筑面积$3861.9m^2$。近年来我国大城市停车问题日益突出,路面经常被用来停车。各大城市中有相当部分企事业单位已建造了自用或公用地下停车库。目前,上海、北京、大连等城市建的地下停车库也很多,有些地下车库已同地下街相结合。我国许多城市规划的地下停车库大多是附件式地下停车库,设在高层建筑地下层。如北京长城饭店的地下车库,可停放车辆273辆。

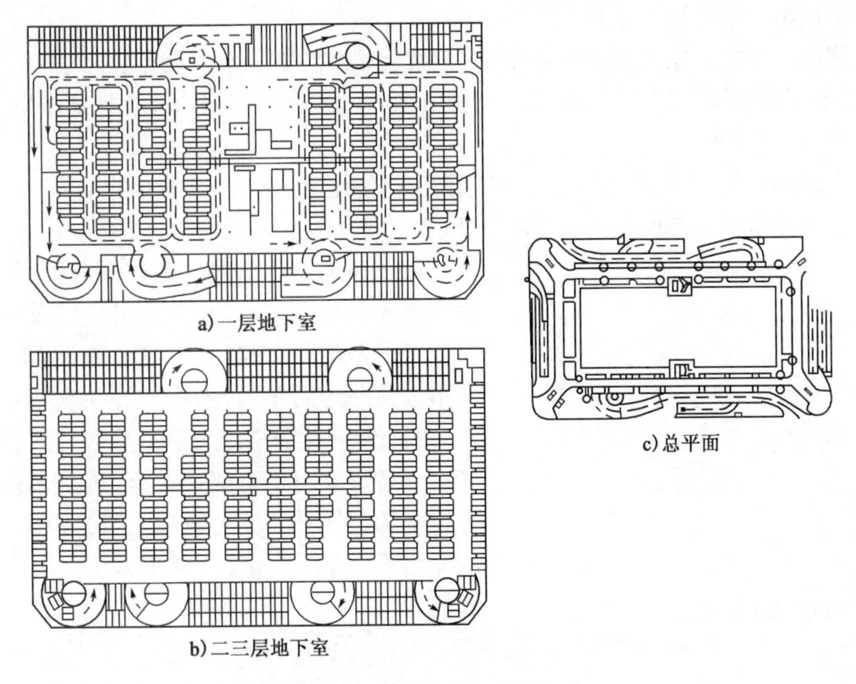

图 5-7　美国洛杉矶波星广场地下车库

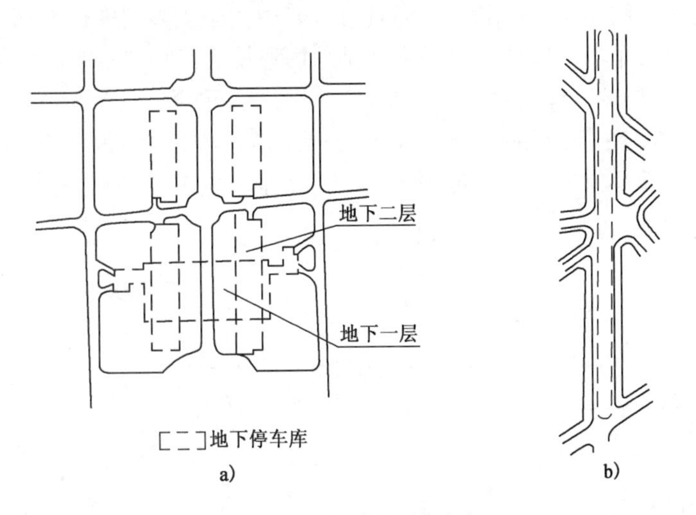

图 5-8　法国巴黎地下停车库

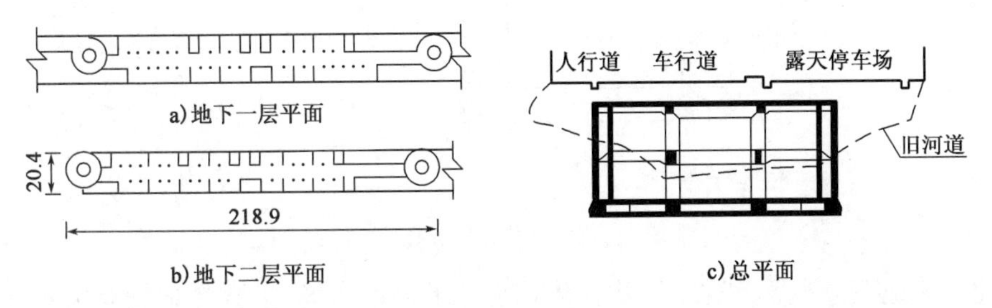

图 5-9　日本大阪利用旧河道建造的单建式地下停车库

1. 地下停车场的规划和设计

地下停车场规划应纳入整个城市规划中，结合城市的现状和发展，与不同等级城市道路相配合，满足不同规模的停车需要，以便对城市中心区的交通起到调节和控制作用。

(1)停车场的类型

汽车停车场的类型，视其设置形态、利用形态、使用方法或设置场所的不同，有各种不同的分类。地下停车场按其设置场所分类如下：

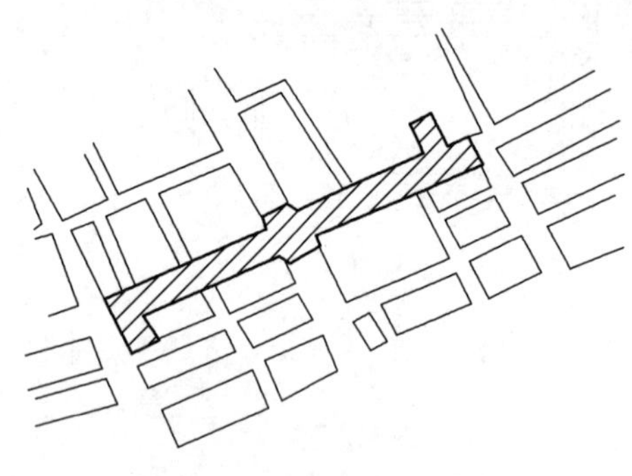

图 5-10　日本新潟道路下停车场

①道路地下停车场。道路式条形平面布局的地下停车场是指停车场设置在城市道路下，按道路的可能宽度，占用其地下部分而设置的停车场，基本按道路走向布局，出入口设在次要道路一侧，其规模受到一定限制，几乎都是自行式，此种平面基本为条形。由于上部是道路，进出车口、通风塔等设施的设置受到较大约束。图 5-10 为日本新潟的道路下停车场实例，可存车 300 台，2 层，上层为商场。

②公园式地下停车场。占用公园地下空间，规模大，在构造上有完全地下式和半地下式之分。在规划中应考虑保持公园的功能，并对周围环境和公园的利用者不造成妨碍。因为能利用较大的地下空间，平面规划容易，而且可以采用一层或多层的停车场。

③广场型地下停车场。广场式布局通常是地面环境为广场，周围是道路，是利用城市广场的地下空间，从广场的立体利用看，与地下商业街、地下铁道、地下通道等一起规划的较常见。在规划时，要充分利用上部广场的汽车、公共汽车等的行驶路线来设置进出口等。广场下停车场的总平面大多为矩形、近似矩形、梯形等。图 5-11 为上海市人民广场地下停车场。

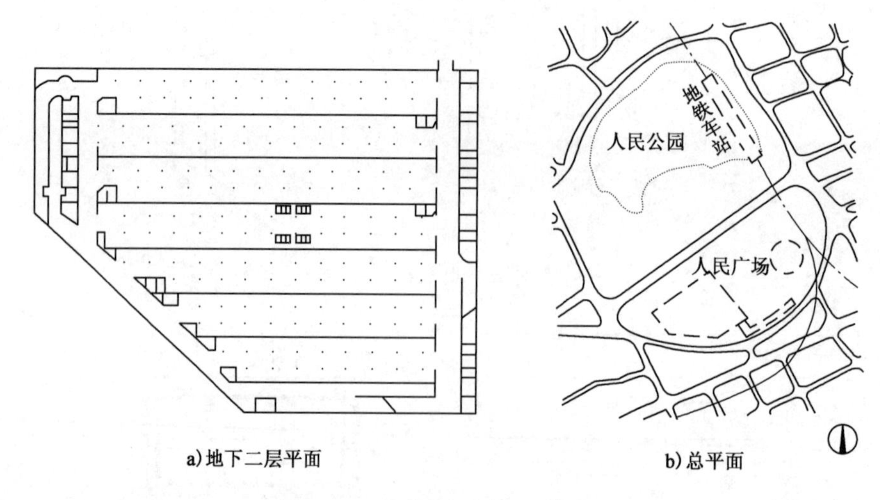

a)地下二层平面　　b)总平面

图 5-11　上海市人民广场地下停车场

④建筑物地下停车场。这是修建在建筑物地下的停车场，多数是根据有关规定而设置的附属停车场。如日本停车法规定：面积大于 $3000m^2$ 的建筑，都有设置停车场的义务。由

于是利用建筑物的地下，规模都不大。图 5-12 为北京市某附建式专用停车库，图 5-13 为混合型平面地下车库。

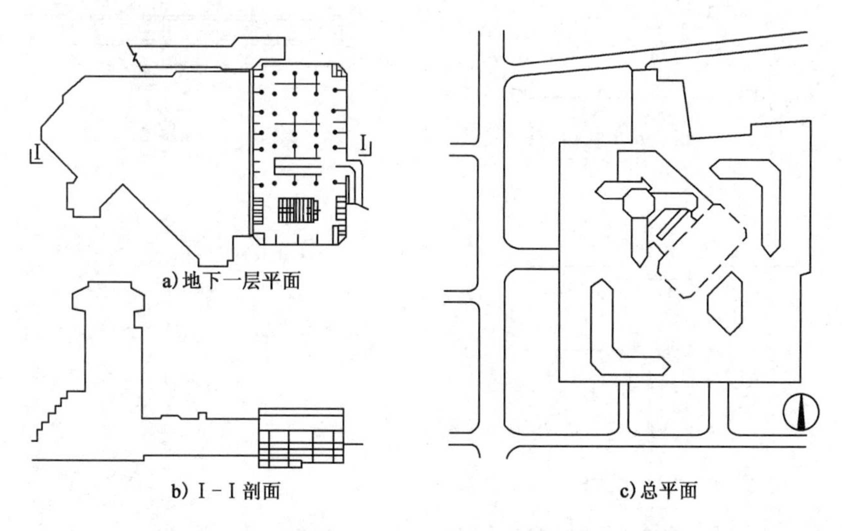

图 5-12 北京市某附建式专用停车库

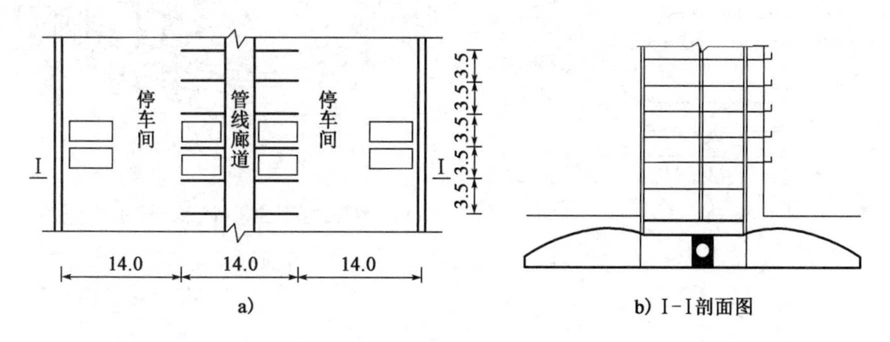

图 5-13 混合型平面地下车库(尺寸单位：m)

(2)地下停车场与地面的连接

地下停车场大多数是用升降道与地面连接，因此，按升降道的形式，可分为坡道式和机械式两类。从修建成本看，地下层数越多，成本越高，所以地下停车场多数是一层或二层。绝大多数采用自行斜道，为了提高停车场的利用率和力求降低修建成本，辅助利用二段式停车装置或水平循环装置的情况逐年增多。

坡道式地下停车场造价低，进出车方便、快速，不受机电设备运行状况影响，运行成本低，又称自走式。地下停车场多为此种类型。如图 5-14 是德国汉诺威坡道式地下停车场，地下 2 层停放小型车 350 台，平均 $33m^2$/台，地面为广场。其缺点是占地面积大，交通使用面积与整个车场建筑面积比值为 0.9∶1，使用面积的有效利用率低，增大通风量，增加管理人员等。

机械式停车场是汽车出入利用垂直自动运输，车库利用率高，进出车速度较慢，造价高，管理人员少。如图 5-15 所示为日本东京机械式地下停车场。

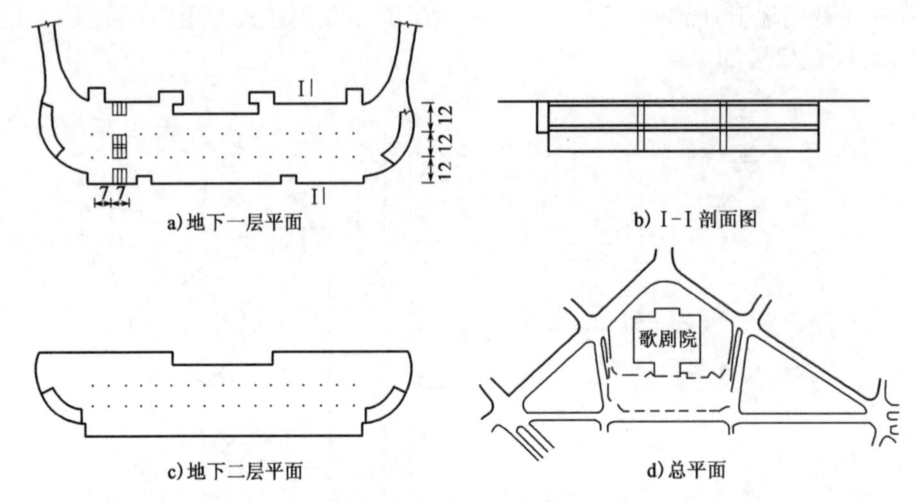

图 5-14 德国汉诺威坡道式地下停车场(尺寸单位:m)

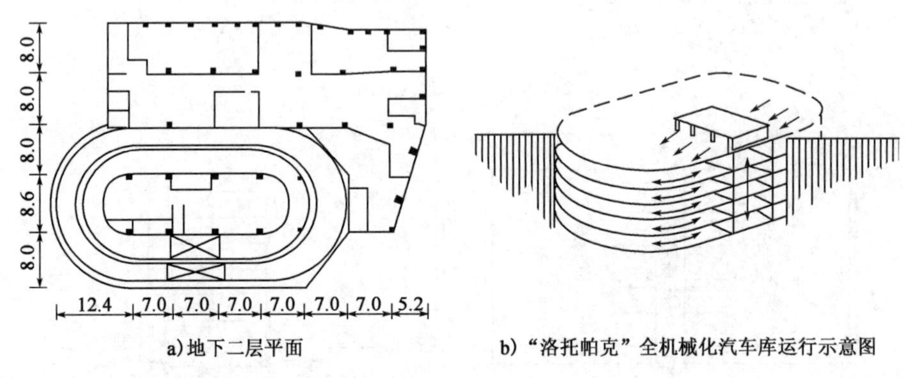

图 5-15 日本东京机械式地下停车场(尺寸单位:m)

2.地下停车场规划

(1)停车场规划的基本流程

停车场规划大体上分为两大类:一类是在城市综合交通体系的基础上规划停车场;另一类是特定停车场的规划。

在编制规划时,应该特别注意的是:

①要与停车位计划相配合。对停车场规划来说,其车位计划就是土地利用规划和交通规划,不仅要考虑计算停车位的需求,还要考虑停车场设施的配置。

②综合考虑各种需求。城市公共停车场,不仅要考虑该地区的交通停车需求,还要考虑民间的、专用停车场的设置和分布状况等;同时还要充分预测周围土地的利用状况。

③机械式停车设施是压缩修建成本的重要途径。在保证停车场满足需要的情况下,从经济性和土地的充分利用出发,采用机械式停车设施也是目前城市规划停车场的发展方向。

(2)地下停车场选址

地下停车场选址原则:

①选择道路网中心地段,符合城市总体规划、道路交通总规划。如市中心广场、站前广场、商业中心地段。

②保证车库合理服务半径。公用汽车库≤500m，专有车库≤300m。停车场到目的地步行距300～500m。

③不宜靠近学校、医院、住宅等建筑。

④选择水文工程地质较好地段，避开工程水文地质复杂地段。

⑤符合防火要求，与周围建筑物和其他易燃、易爆设施保持规定防火间距和卫生间距。表5-3、表5-4为汽车停车场最小防火间距及卫生间距。

汽车停车场的防火间距(单位:m) 表5-3

汽车库名称和耐火等级 \ 建筑物名称和耐火等级		停车库、修车库、厂房、库房、民用建筑		
		一、二级	三级	四级
停车库	一、二级	10	12	14
修车库	三级	12	14	16
停车场		6	8	10

停车场与其他建筑物卫生间距(单位:m) 表5-4

名称 \ 车库类别	Ⅰ、Ⅱ	Ⅲ	Ⅳ
医疗机构	250	50～100	25
学校、幼儿园	100	50	25
住宅	50	25	15
其他民用建筑	20	15～20	10～15

⑥与地下街、地铁车站等大型地下设施相结合。

⑦考虑专业车库及特殊车库的特殊性。

如消防车库对出入、上水要求较高，防护车库要考虑到三防要求等。

⑧岩层车库应考虑岩性，如岩层厚度、状况、走向，边坡及洪水位等。

⑨避开已有地下公用设施主干管、线和其他地下工程。

⑩地下停车场(库)址不应低于30%的绿化率，车辆出入口≥2个(三级地下汽车库)；特大型(>500辆，二级、一级地下汽车库)车库出入口≥3个，应设独立的人员专用出入口，两出入口间净距>15m。出入口宽度:双向行驶≥7m、单向行驶≥5m。出入口不直接与主干道连接，设于城市次要干道上，距服务对象≤500m。出入口距离城市道路规划红线≥7.5m，距出入口边线内2m处视点120°范围内至边线外7.5m以上不应有遮挡视线障碍物(图5-16)。

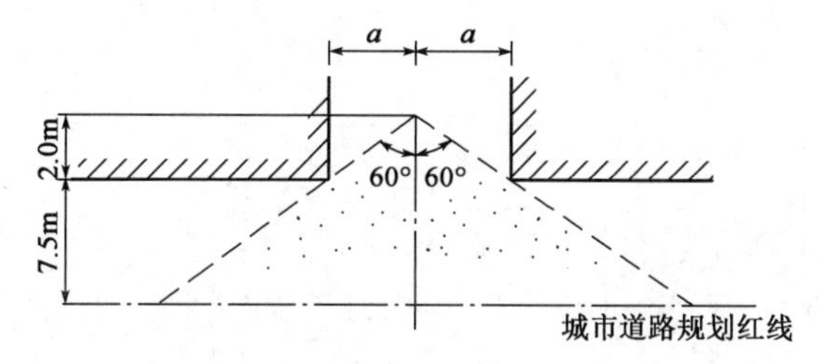

图5-16 地下停车场车辆出入口通视要求

a-视点至出入口两侧的距离

5.2.4 地下铁道

地下铁道是在城市地面以下修筑的以轻轨电动高速机车运送乘客的公共交通系统，简称地铁。地下铁道可以同地面或高架桥铁道相联通，形成完整的交通网。如图5-17所示。

a)

b)

图5-17 地下铁道

1. 地铁的发展情况

世界第一条地铁是1863年1月10日在英国伦敦建成，明挖法施工，蒸汽机车牵引，线路长度约6.4km。1890年12月18日伦敦建成电气机车牵引的地铁，盾构法施工，线路长5.2km。从此，城市交通进入轨道交通时代。表5-5为世界主要国家地铁修建概况(1988年)。

世界主要国家地铁修建概况(1988年) 表5-5

国家	城市	通车年代	人口(万人)	线路条数	线路长度(km)		车站数目
					全长	地下	
美国	纽约	1867	730	29	443	280	504
	芝加哥	1892	370	6	174	18	143
	波士顿	1898	150	3	34.4	19	39
	旧金山	1972	71.5	4	115	37.4	36
	华盛顿	1976	64	4	112	53	60
	亚特兰大	1979	120	2	52.3	7	29
	巴尔的摩	1983	80	1	22.4	12.8	12
英、法、德国	伦敦	1863	670	9	408	167	273
	格拉斯哥	1897	75.1	1	10.4	10.4	15
	巴黎	1900	210	15	199	175	367
	柏林	1902	320	10	134	106	132
	汉堡	1912	160	3	92.7	34.3	82
	法兰克福	1968	62	7	57	12	77
	慕尼黑	1971	130	6	56.5	43	63
苏联	莫斯科	1935	880	9	246	200	143
	第比利斯	1966	110	2	23	16.4	20
日本	东京	1927	1190	10	219	182	207
	大阪	1933	260	6	104	93	79
	名古屋	1957	210	5	66.5	58	66
	札幌	1971	160	3	39.7	28.6	33
	横滨	1972	320	2	22.1	22.1	20

注：1863～1998年，各国修建地铁334条，线路总长3625.5km，修建地铁城市数82个。

莫斯科地铁是世界上最豪华的地铁,有欧洲“地下宫殿”之称。纽约是当今世界运行线路最长的城市,其线路37条,全长432.4km,车站多达498个。巴黎地铁是世界上最方便的地铁,每天发出4960列次,在主要车站的出入口,均设计算机显示应乘的线路,换乘的地点等。巴黎地铁也是世界上层次最多的地铁,包括地面大厅共有6层(一般为2~3层)。法国里尔地铁是当今世界最先进的地铁,全部由计算机控制,无人驾驶、轻便、省钱、省电,车辆行驶中噪声振动都很小,高峰时每小时通过60列次,为世界上行车间隔最短的全自动化地铁。美国旧金山地铁是当今世界地铁列车速度之冠。香港地铁是世界上唯一可以盈利的地铁。新加坡地铁车站和线路清洁明亮,一尘不染,是世界上最安全、最清洁、管理最好的地铁。

我国地铁起步于1965年7月,北京地铁一期工程22.17km,1971年竣工。到2015年北京轨道交通日均客运量1000万人次以上,占公共交通总量的50%以上。1995年至2008年12年我国轨道交通城市从2个增加到10个,投资以每年100多亿元推进,已有10个城市开通了31条城市轨道交通线,运营里程达835.5km。2009年国务院已批复22个城市地铁建设规划,总投资8820.03亿元。我国各城市轨道交通发展规划图显示,至2016年我国将新建轨道交通线路89条,总建设里程为2500km,投资规模达9937.3亿元。

目前,地下铁道已成为发达国家大城市公共交通的重要手段。一些大城市如纽约、芝加哥、伦敦、巴黎、东京、莫斯科等地下铁道运营里程都超过100km以上。其中伦敦地下铁道里程达420km,有298个车站,年运量7.5亿人次,占公交运量的95%;巴黎的地下铁道,有385个车站,平均站距500m,时速22km/h,每隔15min发一趟车,年运量达15亿人次。

地下铁道在大城市公共交通中起到了越来越重要的作用,其优越性主要为:

①运量大。其运量为公共汽车的6~8倍,完善的地下铁道系统可承担市内公共交通运量的50%左右。

②行车速度快。地下铁道不受行车路线的干扰,其行驶速度为地面公共交通工具行车速度的2~4倍。

③运输成本低。

④安全、可靠、舒适。

⑤地下铁道的大部分线路修在地下,能合理地利用城市的地下空间,保护城市景观。

城市学家认为,人口超过100万的城市,为适应未来的交通需求和城市空间的合理利用,都宜修建地下铁道。

2. 地下铁道的规划

地下铁道线路网由区间隧道(双线、单线)、车站及附属建筑物组成,如图5-18所示。

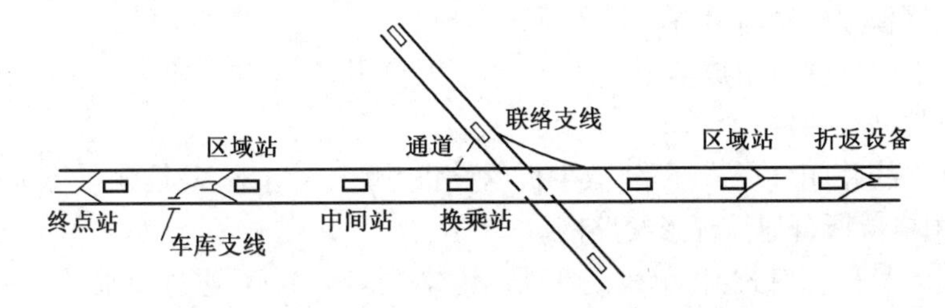

图5-18　地下铁道的工程示意图

在进行城市地下铁道规划时,应着重研究和解决下述几个问题:

1)输送量的预测

在进行预测时,可分为两种情况,一种是包括整个交通圈的综合需要;另—种是某一线路的营业区间或规划线路的未来需要。一般交通量推测的流程大致是分别按输送基础的发生量和集中量的预测、分布交通量的预测以及分配交通的预测等进行推求。

(1)交通圈总体交通量预测

在研究交通圈总体的输送体系时,应把对象范围分为若干小区,然后预测若干小区的人口、就业和就学人口、业务功能配置等的发展,并以这些数据和过去各小区间的交通量和相互关系为基础,求出预测年度内的总输送需求。

(2)路线输送量的预测

路线输送量的预测,首先应以沿线人口的现状为基础,并考虑以下因素,推求各站乘车人数:

①车站圈域内人口及其乘车率。

②从相近的交通工具转移的人数。

③由于新设路线对沿线的开发效果。

④人口的自然增加。

其次,根据各站乘车人数计算各站相互出发、到达的人数,并按流向分别整理,计算出一天内各站间的通过人数。在此基础上就可以对输送能力进行预测。

2)路网

在规划以地下铁道为主体的城市高速铁道网时,除了更好地承担城市圈内交通需要外,还要从城市未来发展的全面观点出发,作出判断和决策。

(1)路网规划原则

一般来说,在进行路网规划时应考虑:

①贯通城市中心,分散换乘地点并提高列车的运行效率。

②把周围地区和城市业务地区以较短时间联络。

③为了接收沿线路面交通量,应沿干线设置。

④通过副中心及其他主要地点。

⑤力求多设换乘地点。

⑥在周围地区应与已成铁路线相联络。

⑦与城市的未来发展相适应。

(2)路网形式

地铁线路网覆盖整个城区并向城外郊区辐射。

①单线式。一条轨道组成的地铁线路,用于人口不多、运输量不大的中小城市。图 5-19 为意大利罗马地铁线路网。

②单环式。线路闭合形成环路,减少折返设备,用于人口不多、运输量不大的中小城市。图 5-20 为英国格拉斯哥地铁环形线路网。

③放射式。又称辐射式,将单线式地铁网汇集在多个中心,通过换乘站从一条线换乘到另一条线。规划在呈放射状布局的城市街道下。图 5-21 为美国波士顿地铁线路网。图 5-22为伦敦地铁线路网。

④蛛网式。由放射式和环式组成，运输能力大，是多数大城市地铁建造的主要形式。通常是分期完成。图 5-23 为莫斯科地铁线路网。

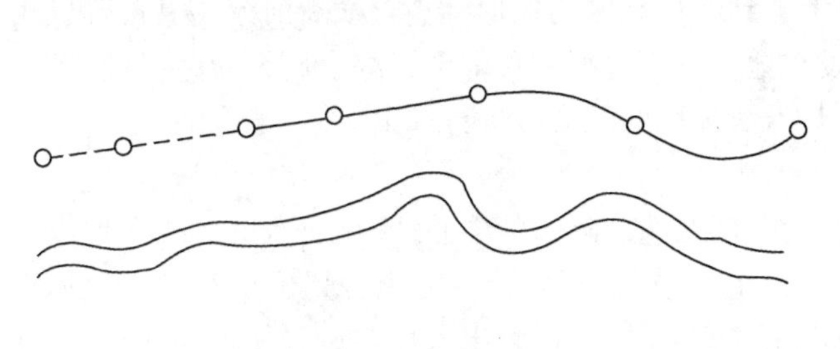

图 5-19　意大利罗马地铁线路网

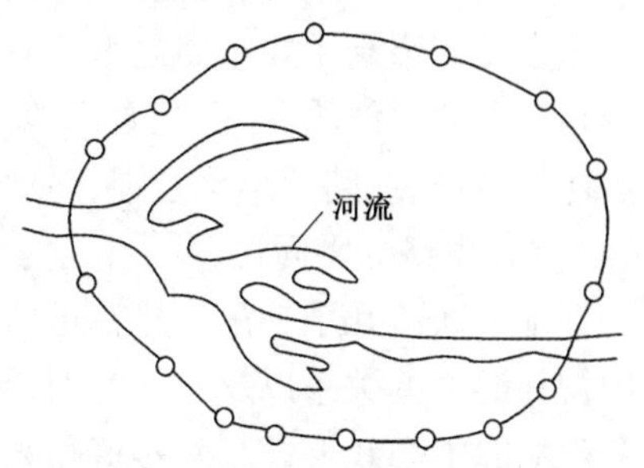

图 5-20　英国格拉斯哥地铁环形线路网

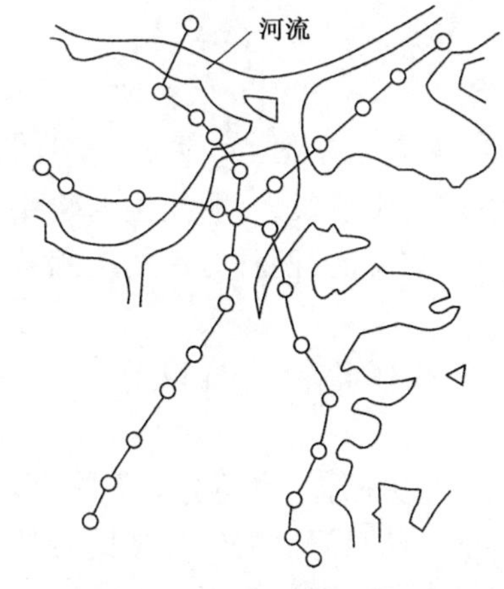

图 5-21　美国波士顿地铁线路网

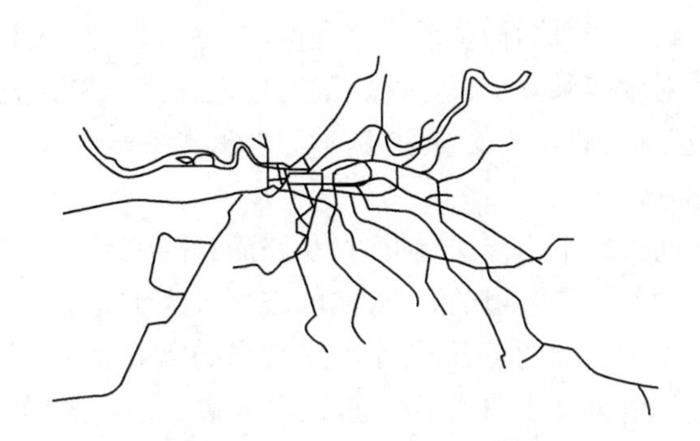

图 5-22　英国伦敦地铁线路网

⑤棋盘式。由数条纵横交错布置的线路网组成，大多与城市道路走向相吻合。特点是客流量分散、增加换乘次数、车站设备复杂。图 5-24 为美国纽约地铁线路网。

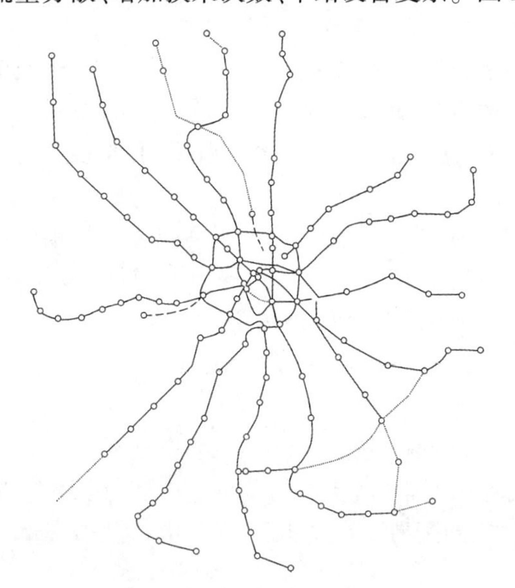

图 5-23　俄罗斯莫斯科地铁线路网

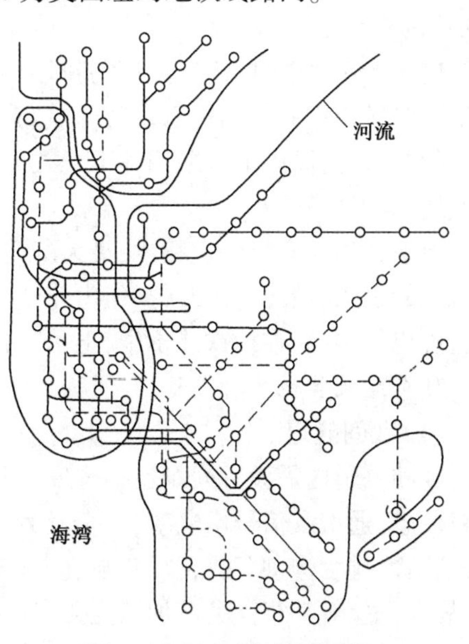

图 5-24　美国纽约地铁线路网

3)线路的选择

一般地说,考虑到开业后利用者的方便和有效地利用土地,缩短施工工期,节省投资等,线路多设在市街主要道路之下。有时考虑到经过地区的地形、地质、横断河流、人口密度、正线到车库的引线段等,而把局部地段设在地面。不管哪一种都要对综合研究线路的经济性、运行的通畅、线路的维修管理、防火及与沿线环境的配合等进行选定。

(1)线路的平面位置

地下铁道几乎都是修建在道路的下面,但在选定隧道的中心线时,要考虑沿线的地下结构物和隧道的关系以及施工时对沿线居民的影响等,尽可能使隧道位置位于对沿线房屋没有影响的中心线上。车站对道路来说占用的宽度较大,而且出入口多设置在道路两侧,因此原则上都把隧道设在道路的中心。此外,当隧道中心线为曲线时,为有利于运输速度、舒适、电力消耗、线路维修等应尽量选择大曲线半径。

(2)线路的纵断面位置

线路的纵断面位置即埋置深度,一般说,越浅越便宜,尤其是车站,这种效益更加显著,同时对旅客乘降也很方便。隧道埋置深度对隧道建设费用的影响很大,明挖法的费用与埋深成正比,盾构法的费用,基本与埋深无关。而埋深在 11 ~ 14m 时,两种方法的工程费用大致相等。

在道路下面修建隧道时,从路面到隧道拱顶的深度,一般规定在 2.5m 以上。由于地下埋设物和公用管道的影响,实际坡度多大于此值。

关于坡度的设置,因车辆有很强的爬坡能力,即使用足最大限值,也不会有问题,但采用时应尽量避开小曲线半径地段,其长度也应尽量短些。此外,从良好围岩向较差围岩的过渡地段,结构物的支承条件不同时,考虑到可能的不均匀下沉,最好避免使用最大坡度。为自然排水需要,要确保可能的最缓坡度(2‰)。

除上述问题外,在规划中还应对诸如集电方式、车辆及其编组、计划以及线路设计标准等加以研究。

应该指出,城市的高速铁道的作用,除了服务于城市中心地区的输送外,还要从城市周围地区向城市中心方向输送。对于城市中心地带,因地价上涨和交通空间上的限制及环境保护的要求等,原则上应采用地下形式的地下铁道。在郊外由于容易取得用地,多采用高架式或地面的铁道。

地下铁道与高架铁道相比,最大的问题是费用高,工期长。虽然近几年施工技术的进步和机械的引入,情况有所改善,但由于输送规模的扩大、物价上涨、隧道向深处发展等,地铁的造价仍然很高,在地铁造价中,土木工程费用约占总造价的 40% ~60%。

3. 车站及其他各种设施

(1)区间隧道

区间路道内需设置列车运行及安全检查用的各种设施。其中主要有:轨道、电车线路、线路标志、通信及信号用电缆、安全及列车诱导的通信线、待避洞及待避空间、灭火栓、防止浸水装置、排水沟、照明、通风设施等,这些设施的配置对隧道断面的形状和大小有很大影响,故事先应对其相互关系加以充分研究。

地下铁道区间隧道的断面,一般分为箱形和圆形两种。明挖法多采用箱形断面,这种断面结构经济,施工简便,材料大部分用钢筋混凝土。盾构法则采用圆形断面,其类型有单线、双线。近几年,由于矿山法的应用,马蹄形断面也开始使用。

区间隧道的净空尺寸由建筑规模、曲线半径、轨道及道床、信号机类型、电线线路等决定。当隧道位于曲线地段时,因线路超高、列车偏斜等,其建筑限界应加宽并确保外侧有200~300mm 的设施空间。在圆形断面中,其限界要加上 150~200mm 的施工富余量,并要设置维修人员的待避空间。

(2)车站

地下铁道车站设施要具有集中而有效地处理高峰期(7~9 时,16~21 时)旅客的功能。在决定乘降站台、升降口、出入口、检票处、中央大厅等设施的容量时,要对其附近的市街状况、输送需求、集中度等进行充分而详细的调查,各种设施的配置都要考虑有效地利用地下空间和提高旅客流动的效率。尤其是要在旅客方便的地点尽量多设一些出入口。在人行道上设开口有限制时,最好设在附近的大楼、百货商店内。

车站在线路起终点和中心地区的任务是不同的,因此其规模也不同。大致说,线路起终点附近的车站多处于郊区,而中心地区的车站多位于业务、商业等活动频繁地区,因此可把车站分类为:郊区站、城市中心站、联络站和待避站等。

郊区站的站间距视地区的发展状态而定,一般都较长,站间距约在 1500~2000m。站的位置应与公共汽车站联络方便。

城市中心站,为了满足早晚高峰时间内集中上学、通勤职员、业务和购物等活动的旅客,车站间距一般不宜太长,大约在 700~1500m 之间。车站构造和设施要尽量与之配合。如站台的宽度、台阶、自动扶梯等设备要具有足够的容量;要与相邻大楼的地下室等尽可能联络,以便在短时间内把旅客分散。

地下铁道作为城市高速铁道,都是由若干条路线构成一个网络,因此,在两条以上路线的车站相互交叉或相邻时,可采用两个站台相互换乘的形式或分别设站,其间用联络通道相联。选择何者,应通过比较决定。这种车站叫联络站。城市中地下铁道的联络站,都是规模相当大的地下车站。大规模地下车站一般都是大城市交通网的重要枢纽,其位置应在交通规划中决定。

4. 通风空调设施

在隧道内,乘客的体温、建筑的照明、列车用的电力都散发出热量而使温度上升,清洗水和地下工程特性使湿度增加,乘客和各种设备散发出的一氧化碳和臭气使空气污染。因此,要净化空气,调节温湿度,创造一个舒适于净的环境就需要进行通风。通风一般分为自然通风和机械通风两类。

(1)自然通风

自然通风是利用隧道内的温度与地面大气温度间的温差和列车的活塞作用进行的、不使用机械的通风称为自然通风。这种通风方式的特点是:站间列车行驶速度快,活塞作用大,风量大;在到达车站附近时,车速变低,活塞作用风量也随之减小;在断面扩大地段活塞作用小,风量也小,因而风量不能稳定。通风距离短,通风口数量多时,对风量需要大。由于列车向长大化和大密度方向发展,隧道内湿度上升明显,相应的通风效果要求也复杂。因此,一般采用自然通风都较难满足要求。

(2)机械通风

机械通风是在车站或区间安装送风机(给风)或排风机(排风),进行隧道内通风的方式。

5. 防灾设施

防灾设施包括防止灾害发生、灾害救援和阻止灾害扩大等设施。对地下铁道的车站、隧道、变电站等设备均需考虑防灾、灭火等设施。从预防火灾和减少损失的角度来讲,建筑和设备的不燃化、良好的通风设计、旅客的诱导标志和避难设施很重要。

6. 施工方法及其选择

具有代表性的地下铁道施工方法有明挖法和盾构法。要依其各自的特点综合判断决定选择哪种方法。选择施工方法的主要依据是:结构形状、线形、地下埋设物及其建筑物、地质、地形、施工技术与环境、工程费、工期等。

一般来说,埋深大时,盾构法有利;埋深小时,明挖法有利。在近几年的城市隧道中,浅埋暗挖法得到了应用,而且有逐渐扩展的趋势。这个方法比盾构法的有利之处在于,易于适应断面变化,能有效地控制地表下沉。例如,横滨地铁三号线筱原工区,位于夹有砂层的第三纪地层中,埋深约30m,隧道施工采用了浅埋暗挖法。德国慕尼黑地铁、我国的北京地铁也曾采用此法。

5.2.5 市政地下管道

1. 市政地下管道规划

设置通信电缆、电气、瓦斯、上下水道等两种以上地下埋设物的隧道,称为市政地下管道,这些埋设物均放在道路路面之下的隧道中。

城市内的道路,作为城市空间的构成要素,一般都具有多种功能,如:

(1)作为人和车辆通行的交通设施。

(2)构成街区和住宅区,成为城市构成的脉络。

(3)形成通风、采光、绿化等良好的生活环境。

(4)作为市民生活不可缺少的上下水道、电气、电话、瓦斯等各种设施的收容空间。

(5)提供市民游玩等的文娱空间,还可进一步成为灾害发生时的防火带、避难场所等。

从这些功能中可以看出市政地下管道作为收容空间的重要性。例如日本的东京都,地下埋设物几乎占据了全部道路的地下空间,其总延长约为国家道路的10倍。

另外,由于各单位无规划地占用地下空间,造成多次开挖跨面,不仅削弱了道路构造,也对交通造成了极大障碍,对沿线居民的生活也带来很大影响。为防止反复开挖路面,把一些地下埋设物集中设置在一条共同的管道中,显然是有利的。在规划共同市政地下管道时,应考虑的基本事项有:

(1)预测占用物件的未来需求及路面多次挖掘的频率。

(2)未来的城市规划事业、地下占用物的规模、位置等。

(3)掌握已有的地下设施及地下占用物的规模、位置等。

共同管道大体分为干线管道和供给管道两类:

(1)干线管道是以间接为沿管道地区服务为目的的收容干线电缆(如电力线和连接电

力中继站的电缆）和下水道的空间，主要设在车道的下面。目前修建的管道，大都属于这种类型。

（2）供给管道是为收容管道地区直接服务的电缆和管道的设施。

2. 地下管道的组成

共同管道由下述几部分组成：

（1）本体：包括管道的一般地段和特殊地段。一般地段指标准断面地段，特殊地段指支线、电缆接头位置、进物孔、进入孔等。

（2）通风口及出入口。

（3）附属设备：排水、通风、照明、防灾安全等设备。

共同管道原则上设在车道的下面，其平面线形与道路中心一致。考虑排水的需要，纵坡不宜小于0.2%，尽可能与道路纵坡一致，在交叉地段可取平坡。从路面到管道顶的覆盖厚度，标准地段不小于2.5m，特殊地段及通风口处，原则上要保证路面铺装厚度。

在一个城市发展过程中，已修建的地下埋设物常造成路面下的地下空间利用混杂和不合理，为了解决这个问题，修建集中设置的共同地下管道是有效的途径。

目前，市政公共地下管道网已成为城市不可缺少的基础设施之一，它对维持和提高城市功能、创造良好舒适的生活环境极为重要。因此，许多城市都在加强这一基础设施的规划和建设。

应该指出，在修建地下管道时，为了减少对城市交通的干扰，施工作业几乎都是在交通稀少的夜间进行，作业效率较低。另外，在修建地下铁道、地下街等地下工程的同时，改建地下管道的实例也是不少的，这将大大提高地下空间的利用效果。

为了满足城市对基本设施的需求，加快公共地下管网的发展和建设，地下管道结构的标准化、构件预制化是近期地下管道发展的一个明显特征。

5.2.6　地下（水力、原子能）发电站

1. 地下水力发电站

利用地下空洞的发电设施有水力发电站和原子能发电站等。地下水力发电站多设在山区坚硬的岩石层中，其特点是：

（1）不受地形的制约，可自由选择位置，能充分利用落差。

（2）不担心雪害和冰害以及落石的危害，在寒冷气候条件下，也能正常运转。

（3）构造物不露出地面，对自然环境损害小。

（4）与天气、气温无关，可全年进行施工。

（5）在地下修建大空洞，地质条件对建设费用影响很大。

近十几年地下发电站发展很快，日本1997年建成的新高濑川发电站，装机容量为1287万kW，洞室尺寸为宽27m，高55m，长19m，开挖量达21.2万m^3，是日本目前最大的地下扬水式发电站。

地下发电站都设在坚硬、整体性好的岩体中。确定地下空洞的位置和方向时，要考虑距地表及大断层的距离、断层及节理组合对开挖面的影响、平行或相互交叉的地下结构物的影响及初始地压与空洞的方向等。通常，地下发电厂的埋深在100～300m，初始地压约为

5.0~10.0MPa。由于地形和地质构造的影响,侧压系数大于1的情况是不少的。因此,在水平方向的初始应力为主的情况下,最好使空洞的纵轴方向与最大主应力平行,这样在横断方向将作用有较小的侧压。断面形状一般都采用应力集中较小的接近椭圆形的马蹄形断面,但也有采用直墙式的。目前世界各国修建的地下发电站,多采用扬水式。

2. 原子能发电站

长时期以来,人类使用的能源主要依靠石油,由于石油是一种天然的有限资源,因此,这是一种极其脆弱的能源供给结构。为了确保能源供给,不得不寻求新的能源,原子能发电机是一种很有希望的能源。日本到1981年3月止,已有22台约1551万kW的原子能发电站,占全国发电量的12%;到1995年占全国总发电量的37.0%~39.2%。地下原子能发电站有地下式和完全地下式两类(图5-25)。

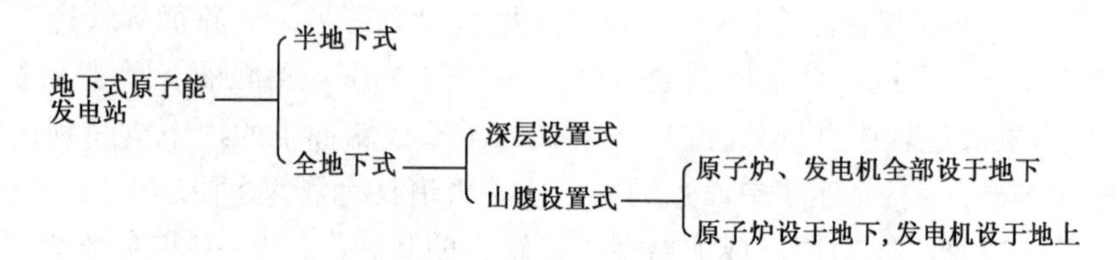

图5-25 地下原子能发电站分类

原子能发电站的结构形式如图5-26所示。

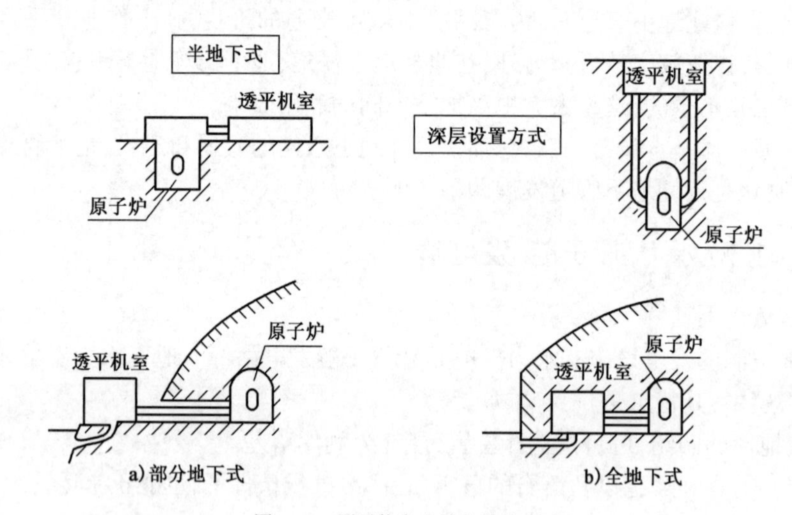

图5-26 原子能发电站的结构形式

地下式原子能发电站的优点有:

(1)选址条件的范围大,不需要宽阔的平坦地,海岸或山区均可修建。

(2)修建在地下,对景观的影响小。

(3)地下空洞周围岩体对放射性有良好的遮蔽效果,并可容纳放射性物质。

(4)抗震性好。

(5)对防御外部下落物有利。

地下式原子能发电站的不足之处有:

(1)为了开挖大型空洞,需坚实岩体,因而建设费用高,工期长。

(2)扩建、改建困难。

一般来说,地下原子能发电站除了收纳发电机和原子炉的主洞外,尚须开挖一系列的服务坑道,例如联络坑道,供人员出入及物资搬运等的通道。

5.2.7　其他地下工程(地下储藏设施、废弃物地下处理设施等)

1.地下储藏设施

地下储藏设施的修建是在世界范围内进行的,它是地下空间利用的一个重要方面。本节简要说明在能源储藏、粮食储藏、用水储藏及放射性废弃物处理等方面的现状。

1)能源储藏

目前利用地下空间进行储藏的能源有:石油、液化石油、液化天然气、压缩空气、超导能等。作为地下储藏设施,有的是把金属贮槽埋入地下,有的是利用废弃坑道等地下空洞,有的在岩盐层中溶解出地下空洞,也有的用开挖方法修建地下空洞形成储藏空间。目前仍以采用开挖形成储藏空间的方法居多,如开挖竖坑的地中式贮槽,开挖横洞的地下式贮槽等。地下式贮槽可用钢、混凝土、合成树脂等作衬砌,有时也利用地下水防止储藏物的泄漏形成水封式贮槽。

(1)地中式贮槽(竖坑式地下贮槽)

竖型地下贮槽,一般都是以圆筒形混凝土和底板作为贮槽壁,内部设有保证液密性钢板。储藏对象为常温、常压下的石油类和极低温(-40℃~-160℃)、常压下的液化石油及液化天然气等。竖型地下贮槽与地面贮槽相比,在同样大的用地范围内,可以多储藏2~3倍的容量。其安全性、环境保护等都较优越,因而发展迅速。例如日本水岛的石油贮槽(内径83m、液深48m)、秋田储藏西基地(内径90m、液深48m)等,都是近期修建的大型储藏基地。

在建设竖型地下贮槽时,应根据储藏地点的具体条件,对贮槽进行规划设计;并对施工、维修管理以及对环境的影响等进行充分的调查。调查项目大致为:气温、风、降雨量、积雪量、地形、地质、地层的构成及物理特性、地热、地表水及地下水、地震、周围状况及其他。

储藏基地各种设施的布置必须遵守消防等法规,并依照安全、操作、经济等观点决定。这些设施包括:储藏设施、服务设施、出入荷载设施、排水处理设施、事务管理设施等。

①储藏设施。贮槽和用地边界线的安全距离应保证在50m以上,当贮槽半径超过50m时,应大于贮槽的半径;贮槽与贮槽间的安全距离应大于贮槽的半径;应确保配管、检查通道(宽5m以上)以及外围通路(宽16m以上)的宽度。

②服务设施。在布置电气设备时,应考虑引入线(一般都是高压架空线)的长短,接近其他设施的危险度等,蒸气设备要考虑压力下降、温度下降的影响。

③出入荷载设施。出荷载泵最好设在基底内较低位置;控制室应设在出入荷载设施、储藏设施等的附近,易于观察;研究油泵的能力,决定油泵的规格、布置。

④排水处理设施。排水设备应考虑自然流下,设在基底内较低的位置;水处理设备也宜设在排水设备附近。

(2)横型地下贮槽

横型地下贮槽是瑞典在第二次世界大战中开始修建的,用以储藏石油等。开始时是在空洞内放入钢罐,但因其成本高,后改为张挂钢板,并在钢板与岩壁间充填混凝土,但这种方式,由于钢板的腐蚀,有时不能继续使用。后进一步开发了无衬砌的岩洞储藏方式,即水封式岩洞储藏方式。在北欧这种方式极为盛行,尤其是瑞典,储藏设施的80%都是采用这种方式。

水封式贮槽系统如图5-27所示。地面的雨水渗透到土中,成为层间地下水。层间地下水的一部分,通过节理渗入岩体深处,充满岩体内的空隙。这种含在岩体内的水称为岩体内地下水。在这种岩体内开挖空洞,空洞中充满地下水。而在这样的空洞中储藏石油类的物质,由于地下水的压力比石油压力大,可防止石油的泄漏。这就是水封的优点。

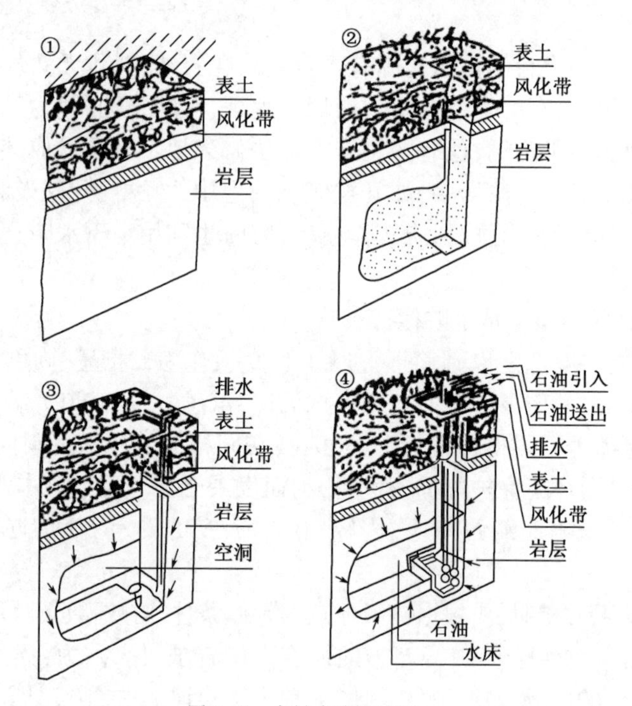

图5-27　水封式贮槽系统

水封式岩洞贮槽的一般构造如图5-28所示。

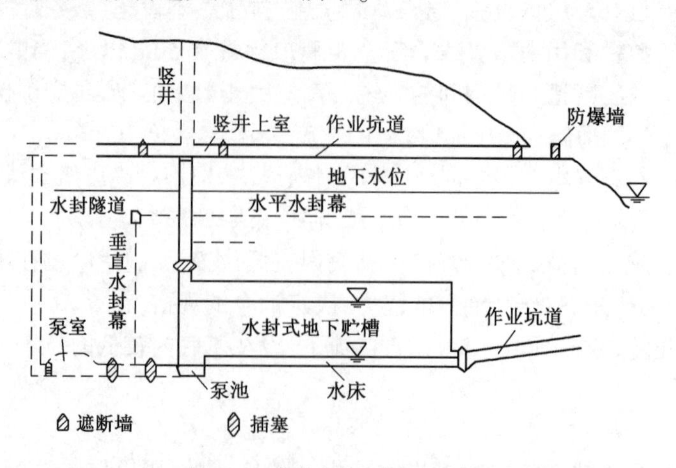

图5-28　水封式岩洞贮槽构造图

主要部分包括：

①作业坑道。设置配管、电力、计量装置等的电缆，作为管理用通道。

②配管竖井。设置配管、电力、计量装置的电线。

③配管竖井上部室设置机器，用隔墙划分的地下空洞。

④泵室。设置泵的空洞。

⑤水床。为浮托储藏燃料底部的水塘。

⑥水封隧道、水封钻孔。地下水不能形成所得压力时，补给人工地下水而设置的隧道、钻孔。

⑦隔离壁。为分隔与贮槽相连的配管竖井、作业隧道、泵室等，具有液密、气密性的隔墙。

⑧隔墙。发生燃料泄漏、火灾、爆燃等事故时，为限制受害空间而设置的隔墙。

⑨防爆墙。为防止火灾、爆炸设置的隔墙，在洞口设防护墙。

⑩敞口竖井。将竖井从贮槽延伸到地表的形式。

(3)其他能源储藏

①压缩空气储藏。这里是指把原子能发电站等多余的夜间电力以压缩空气形态加以储藏的方式。储藏压缩空气的容器可以是岩盐空洞、岩体空洞等，如图5-29所示。

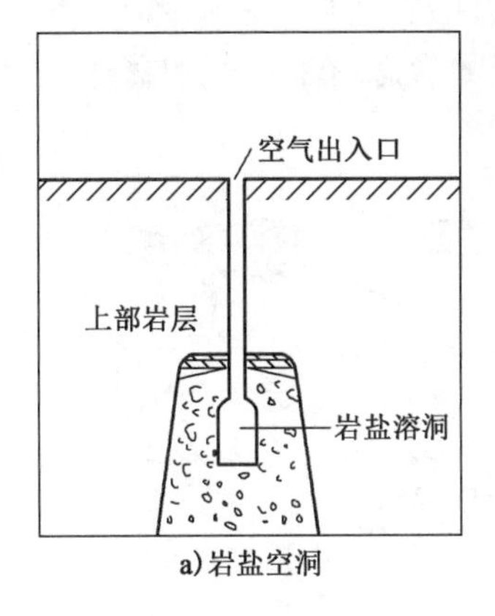

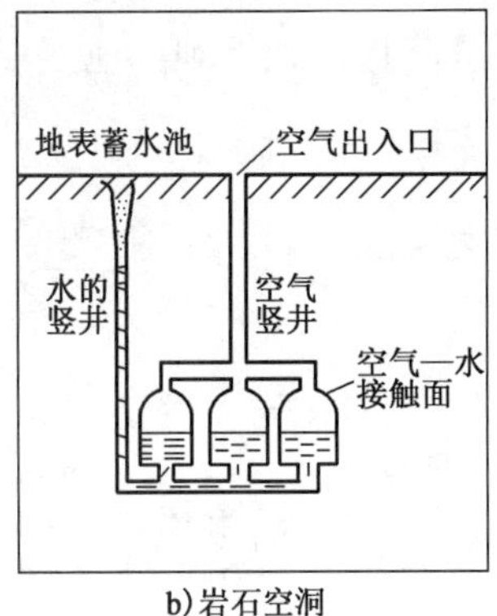

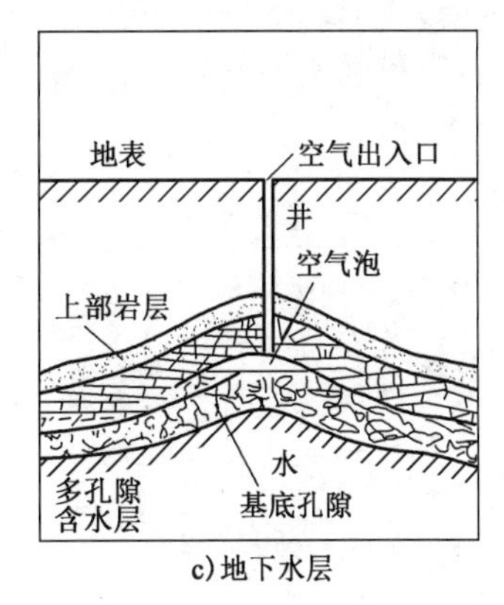

图5-29 压缩空气贮藏示意图

目前世界上只有极少数的压缩空气储藏系统，如联邦德国建造在岩盐层中的290000kW系统，空洞量约300000m^3，美国修建在岩洞中的220000kW的储藏系统。

②热水储藏。热水储藏是把发电站的剩余电力、太阳能以及其他排热等，以热水形态加以储藏的系统。热水储藏以日单位、周单位、季节单位计。在北欧等国多用于地区暖房及工厂供热。热水储藏有地上型和地下型之分，但地下型对环境影响小，而且造价低，故多采用。

图5-30为利用含水层进行热能储藏的设计概念。

2)用水储藏设施

由于生产和生活的需求，用水需求量逐年增加。因此，除对河川进行开发外，用水储藏也成为一个重要课题。这里面包括储藏农业用水的地下坝以及饮用水的地下贮槽等。

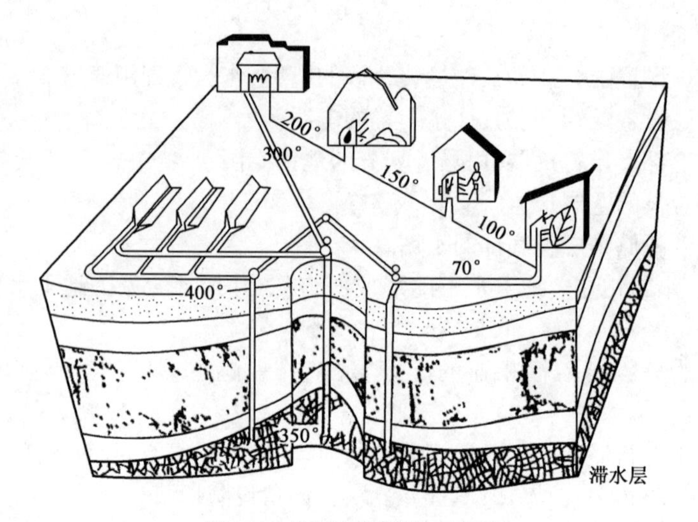

图 5-30　热能储藏的设计概念图

(1)地下坝

为了确保稳定的水资源,在降雨量比较多、季节变动显著、地质渗透性大的地区可以采用地下坝的形式储藏用水。例如日本在西南诸岛曾提供此设想。西南诸岛的降雨量超过2000mm,透水系数约在10%左右,地下多数为厚约30m左右的石灰岩,在一些透水性岩石的下盘有不适水性基岩时,可做一屏障形成地下坝。地下坝的形态有平地坝和盆地坝两类(图5-31)。

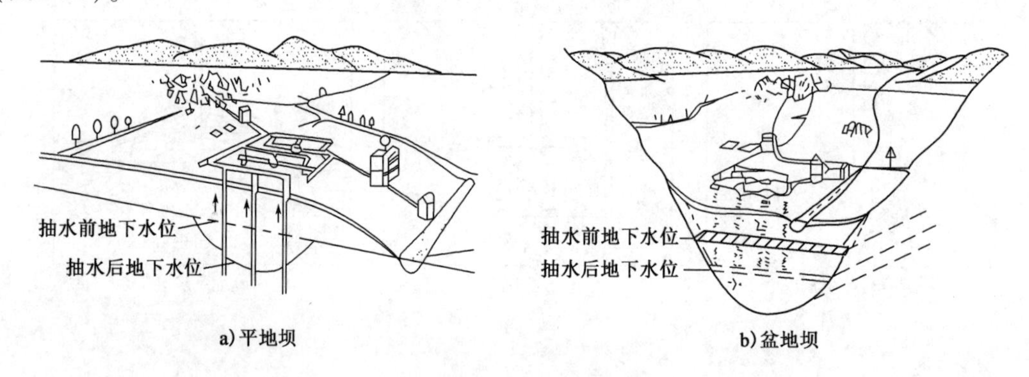

图 5-31　地下坝的形态

地下坝的条件是:

①地层透水性好,基岩具有作为贮槽的适宜形态。

②从降雨和地表水可获得充足的地下水量,水具有良好的循环状态。

国外在干燥和半干燥地区建造地下坝的实例不少。如日本宫古岛的皆福地下坝,高约16.5m,长500m,总储水量约700000m^3,没有集水竖井、钢管井等取水、放水设施。

(2)饮用水储藏

挪威曾在岩体中建造饮用水储藏设施。实际效果表明,其经济上较地面型优越。

3)粮食储藏设施

我国在5000年前就开始对粮食进行地下储藏。目前,除粮食外,水果、蔬菜等也可进行地下储藏,主要是利用地下恒温性这一特点。此外,地下储藏的成本低,可保护环境、节约能源等,具有较多优点。尤其是地下冷库,近几年发展极为迅速。

2. 废弃物处理设施

(1)放射性废弃物处理设施

放射性废弃物视放射性水平的高低,在处理方法上各不相同。

一般地说,原子能发电站使用完后的核燃料都含有残余的铀(U)和新产生的钚(Pu),可以用化学方法将其提炼出来重新作为核燃料使用,这类工程叫再处理工程。再处理后的废弃物不能再加以使用,而要加以处理,使其对人不产生不良影响。

这种经过再处理的废弃物比从发电站生产出来的废弃物放射性高,且长时间不衰减,称为高放射性废弃物。这种废弃物的处理设施,大体有如图5-32所示的几种形式。其中以地下方式最好,不仅维修管理容易,而且结构坚固,造价适宜。

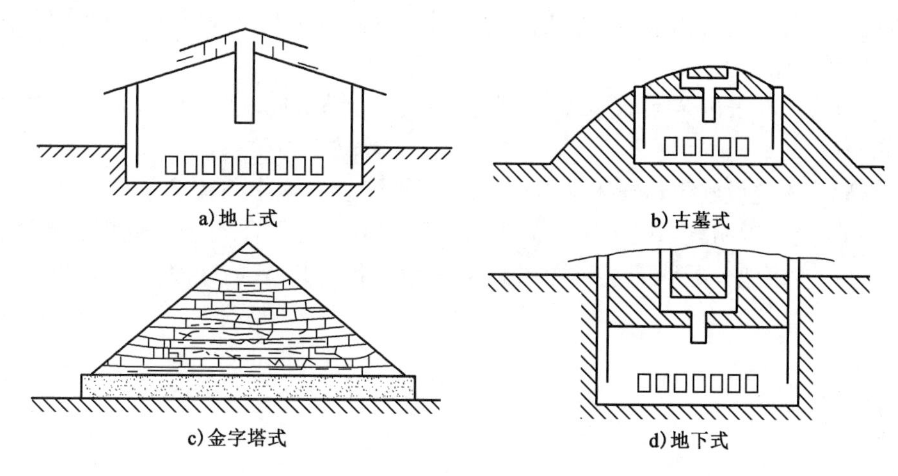

图5-32　高放射性废弃物处理形式

地下的处理设施,一般都设在地下500~1000m深处。地下处理设施的设计概念大同小异,即从地面开挖竖井达到良好岩体后,修建水平的隧道群,放入废弃物后加以埋设。

(2)废弃物地下处理设施

废弃物处理设施包括废弃物的排除、收集、运输、处理、处置等一系列作业设施。废弃物地下输送设施,与用车辆运输系统完全不同,是一个新的系统:把排出场所的废弃物,利用气流,通过地下埋设的管路,输送到处理场,如图5-33所示。这种方式之所以得到发展与应用,其原因是废弃物的大量增加和多样化,生活空间高度密集,道路交通事故多和用地困难,采用车辆收集运送效率低,且要消耗大量人力、材料、费用。利用废弃物地下输送设施,主要是管道输送方式。管道输送方式有以水为媒介和以空气为媒介两种类型,前者多用于矿石和土砂的输送,废弃物主要采用后者。

以空气为媒介的方式有三种类型,即吸引式、压送式和垃圾袋式,各种形式如图5-34所示。

①吸引式。以通风机为动力源,向管内吸风自动地吸引废弃物的方式,这种方式用得较多。

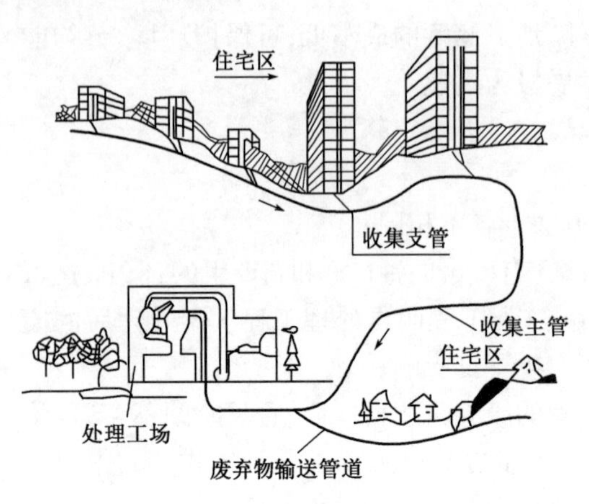

图 5-33　废弃物处理系统示意图

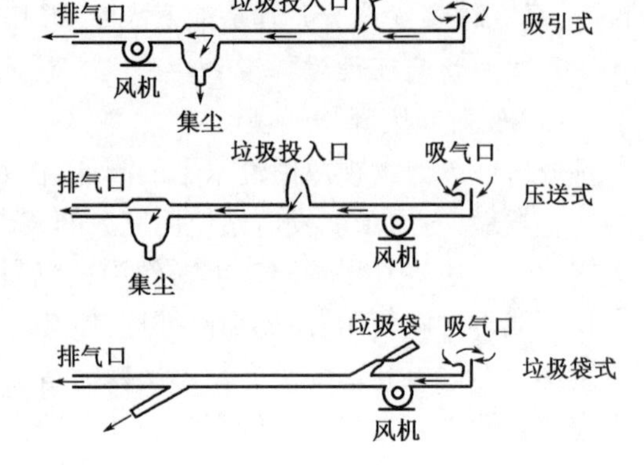

图 5-34　废弃物处理方式

②压送式。与吸引式相反,压送式是利用通风机向管内压风的方式,它比吸引式能力大,可长距离输送。

③垃圾袋式。在管内装入能搭载废弃物的垃圾袋,利用通风机在袋的前后造成的压差,移动袋体的方式。

废弃物地下输送设施包括投入储留设施、输送管道及集尘中心几部分。

上述各节,充分说明城市的地下空间具有多种用途。为了合理地利用城市有限的地下空间,必须合理有序地分配地下空间,使上述各种设备各得其所,有效发挥其功能。

第6章　地下工程施工与管理

6.1　钢筋混凝土及预应力混凝土工程

6.1.1　钢筋混凝土工程施工

钢筋混凝土工程的一般施工程序如图6-1所示。

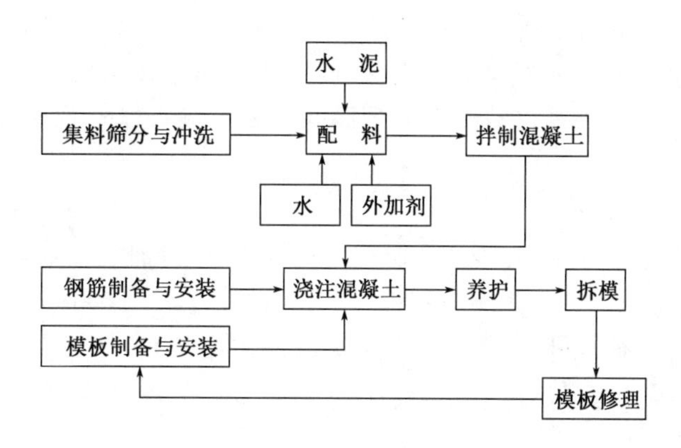

图6-1　钢筋混凝土工程施工程序

钢筋混凝土工程包括钢筋工程、模板工程、混凝土工程。

1.钢筋工程

在钢筋混凝土结构中,钢筋起着关键作用。钢筋工程属于隐蔽工程,因此,在施工过程中应严格控制钢筋工程的质量。钢筋工程包括钢筋进场验收、钢筋加工、钢筋连接和钢筋安装。

(1)钢筋进场验收

钢筋进场应有出厂质量证明或试验报告单,并按品种、批号及直径分批验收。验收内容包括钢筋标牌、外观检查、按相关规定进行力学性能试验,必要时还需进行化学成分分析或其他专项检验。

(2)钢筋加工

钢筋加工一般集中在钢筋车间或工地的加工棚,采用流水作业法进行,然后运至现场进行安装和绑扎。钢筋加工包括冷拉、冷拔、调直、切断、弯曲、焊接、机械连接和绑扎等。

钢筋的冷加工是采用冷拉、冷拔的方法对钢筋进行冷加工,用以获得冷拉钢筋和冷拔钢丝。钢筋冷拉是将Ⅰ、Ⅱ、Ⅲ、Ⅳ级钢筋在常温下进行强力拉伸,迫使钢筋产生塑性变形,从而使其内部结晶产生重组,达到提高强度和节约钢材的目的。其塑性、韧性以及弹性模量都会有所降低。钢筋冷拉的控制方法有冷拉率控制法和应力控制法两种。钢筋冷拔是将 $\phi6 \sim \phi8$ 的Ⅰ级光面钢筋在常温下强力拉拔使其通过特制的钨合金拔丝模孔，钢筋轴向被拉伸，径向被压缩(图 6-2)，使钢筋产生较大的塑性变形，其抗拉强度提高 50% ~90%，塑性降低，硬度提高。

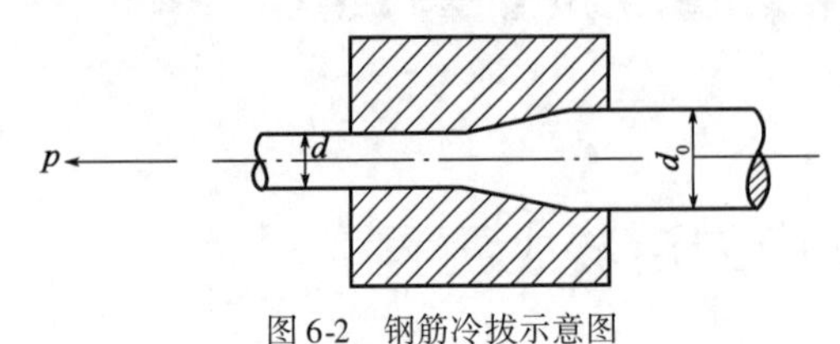

图 6-2　钢筋冷拔示意图

(3)钢筋连接

由于钢筋品种多，实际工程中用量大，供货形式多样(如圆盘形式、直条形式)，因此，在施工过程中不可避免地会有钢筋连接问题，钢筋的连接包括以下三种方式;绑扎、焊接和机械连接。

钢筋绑扎一般采用 20 ~22 号铁丝，绑扎位置应准确、牢固。搭接长度和绑扎点位置应符合相关规定。钢筋的焊接是利用焊接技术将钢筋连接起来，采用焊接代替绑扎，可以节约钢材、改善结构受力性能、提高功效、降低成本。目前，钢筋焊接常用的方法有:闪光对焊、电弧焊、电阻点焊、气压焊和电渣压力焊等。钢筋的机械连接是通过机械手段将两根钢筋进行对接。钢筋机械连接相继出现套筒挤压连接、锥螺纹套筒连接、直螺纹套管连接、活塞式组合带肋钢筋连接等技术。通过机械连接的钢筋同样要对接头作外观检查，对钢筋的力学性能作检验。

2. 模板工程

模板是混凝土成型的模具，在现浇混凝土结构施工中使用量大、面广、消耗多，对施工质量、工程成本和安全等具有重要影响。模板工程在钢筋混凝土工程中占有举足轻重的地位。

作为混凝土构件几何尺寸成型的模板，要求其能够保证准确的构件形状和尺寸，具有足够的刚度和强度，接缝严密且不漏浆，拆装方便，能够多次周转使用，为加速施工、降低造价、节约模板，应尽可能采用定型模板。

模板种类很多，按所用材料的不同分为木模板、胶合板模板、竹胶板模板、钢木模板、钢模板等。按结构或构件的施工方法不同，分为现场装拆式模板(多为定型模板和工具式支撑)、固定式模板(如各种胎膜)和移动式模板(如滑升楼板)等。

目前，木模板和胶合板模板在一些工程中仍广泛应用。这类模板一般在加工厂或施工现场做成拼板，也可以制成一定尺寸的定型板，装拆都很方便，也可以周转使用。

组合模板是目前土木工程施工中用得最多的一种模板，作为一种工具式模板，组合模板采用各种工具式的定型桁架、支柱、托具、卡具等组成模板的支架系统和多种类型的板块、角模(图 6-3)，拼出多种尺寸和几何形状，以满足各种类型建筑物的梁、板、往、墙、基础等结构构件施工的需要，组合模板可以在施工现场直接组装，也可以预先拼装成大块模板或构件模板用起重机吊运安装。

3. 混凝土工程

混凝土工程包括混凝土配料、搅拌和运输、浇筑、振捣成型、养护等过程。

(1)混凝土制备

混凝土制备是指混凝土的配料和搅拌。混凝土的配料，首先应严格控制水泥、粗细集料、拌和水和外加剂的质量，并要按照设计规定的混凝土强度等级和混凝土施工配合比控制投料的数量。混凝土的搅拌按规定的搅拌制度在搅拌机中实现。如图 6-4 所示。

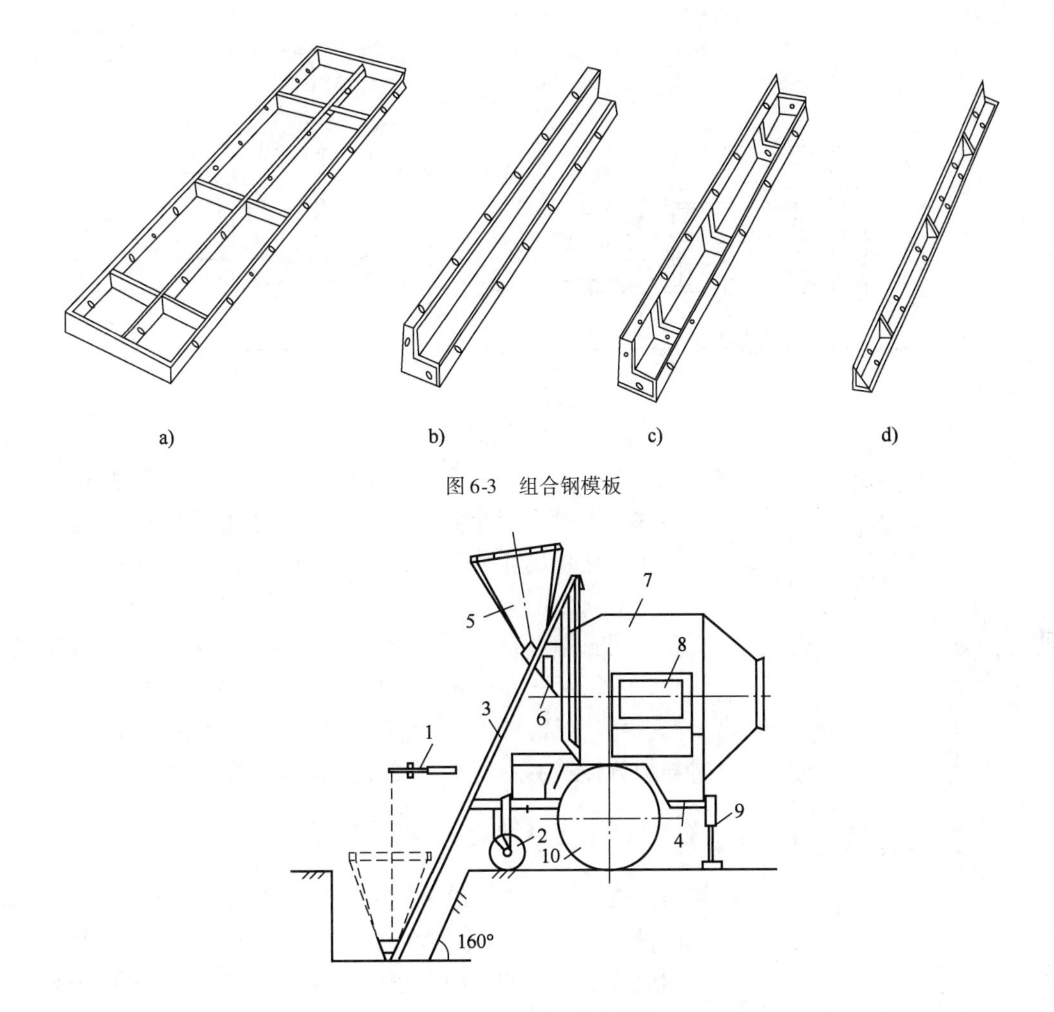

图6-3　组合钢模板

图6-4　双锥反转出料式搅拌机

1-牵引架;2-前支轮;3-上料架;4-底盘;5-料斗;6-中间料斗;7-锥形搅拌筒;8-电器箱;9-支腿;10-行走轮

(2)混凝土运输

混凝土拌合物运输的基本要求是在运输过程中应保持混凝土的均匀性,要避免产生分层离析、水泥浆流失现象,保证浇筑时规定的坍落度,要保证有充分时间进行浇筑和捣实,避免产生初凝现象等。混凝土运输分水平运输和垂直运输两种情况。常用水平运输机具主要有搅拌运输车、自卸汽车、机动翻斗车、皮带运输机、双轮手推车等。图6-5所示为混凝土搅拌运输车。常用垂直运输机具有塔式起重机、井架运输机。

(3)混凝土浇筑

混凝土浇筑包括浇灌和振捣两个过程。保证浇灌混凝土的匀质性和振捣的密实性是确保工程质量的关键。混凝土浇筑应分层进行以使混凝土能够振捣密实。在下层混凝土凝结之前上层混凝土应浇筑振捣完毕。在干地拌制而在水下浇筑和硬化的混凝土,称为水下浇筑混凝土,简称水下混凝土,如图6-6所示。水下混凝土的应用范围很广,如沉井封底、钻孔灌注桩浇筑、地下连续墙浇筑、水中浇筑基础结构以及桥墩、水工和海工结构的施工等。

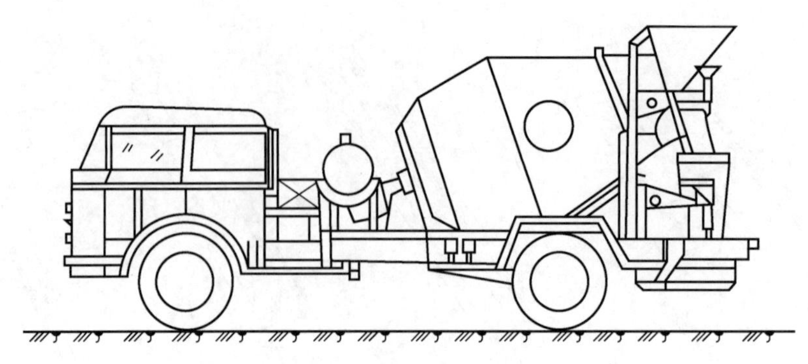

图 6-5　混凝土搅拌运输车

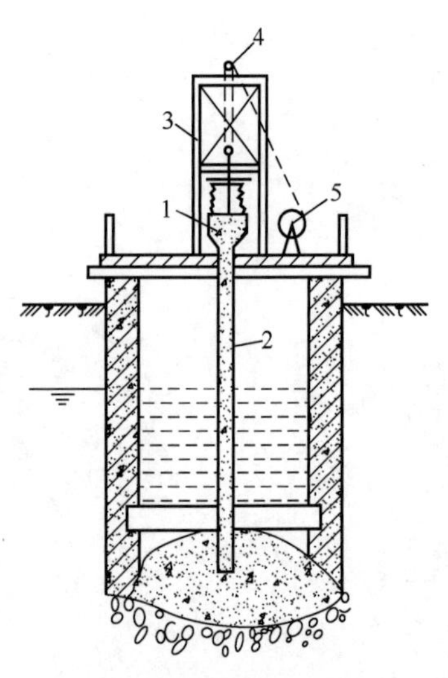

图 6-6　水下浇筑混凝土
1-漏斗；2-导管；3-支架；4-滑轮组；5-绞车

(4)混凝土养护

混凝土浇捣成型，主要是因为水泥水化作用的结果。为保证混凝土凝结和硬化必需的湿度和适宜的温度，促使水泥水化作用充分发挥，应及时进行混凝土的养护。

混凝土的养护包括人工养护和自然养护，现场施工大多采用自然养护。混凝土的自然养护是指在平均气温高于5℃的条件下，在一定时间内，对混凝土采用的覆盖、浇水润湿、挡风、保温等养护措施，使混凝土保持湿润状态。自然养护分覆盖洒水养护和喷涂薄膜养生液养护两种。

6.1.2　预应力混凝土工程

由于预应力混凝土能充分发挥钢筋和混凝土各自的特性，提高钢筋混凝土构件的刚度、抗裂性和耐久性，近年来，预应力混凝土的应用范围越来越广。预应力混凝土施工常用的施工方法有先张法和后张法。

1. 先张法

先张法是在浇筑混凝土构件之前，张拉预应力筋，将其临时锚固在台座或钢模上，然后浇筑混凝土构件，待混凝土达到一定强度(一般不低于混凝土强度标准值的75%)，并使预应力筋与混凝土间有足够黏结力时，放松预应力，预应力筋弹性回缩，借助于混凝土与预应力筋间的黏结，对混凝土产生预压应力。

先张法多用于预制构件厂生产定型的中小型构件。

2. 后张法

构件或块体制作时，在放置预应力筋的部位预先留有孔道，待混凝土达到规定强度后，孔道内穿入预应力筋，并用张拉机具夹持预应力筋将其张拉至设计规定的控制应力，然后借助锚具将预应力筋锚固在构件端部，最后进行孔道灌浆(亦有不灌浆者)，这种施工方法称为后张法。

后张法的特点是直接在构件上张拉预应力筋，构件在张拉过程中完成混凝土的弹性压缩，因此不直接影响预应力筋有效预应力值的建立。锚具是预应力构件的一个组成部分，永远留在构件上，不能重复使用。图6-7为预应力后张法构件生产示意图。

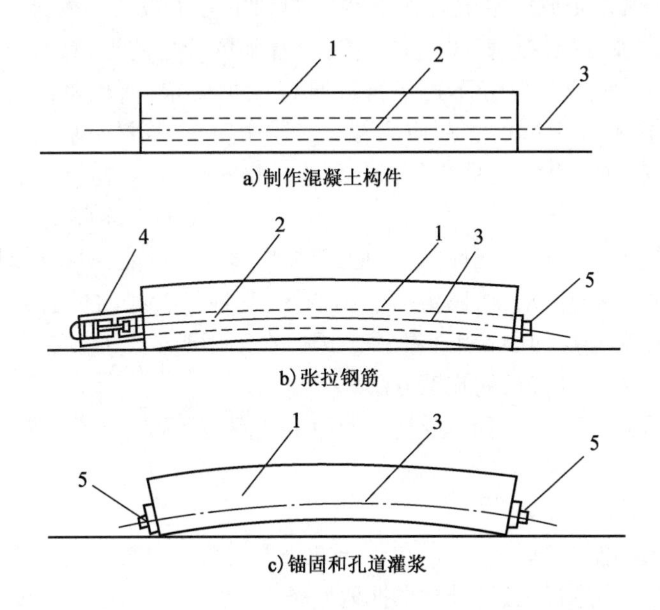

图6-7　预应力后张法构件生产示意图

1-混凝土构件;2-预留孔道;3-预应力筋;4-千斤顶;5-锚具

6.2　地下工程施工方法

地下工程施工方法选择的主要考虑因素一般有,工程地质和水文地质条件、地形和地貌、埋置深度、结构形状和规模、使用功能和环境条件、施工队伍的技术水平和施工机具、交通条件和工期要求、经济和技术等,通过综合研究来确定。目前我国地下工程使用的施工方法可分为两大类,明挖法和暗挖法(图6-8)。

6.2.1　明挖法

明挖法是从地表面向下开挖,在预定位置修筑结构物方法的总称。它是一种用垂直开挖方式修建地下结构物或隧道的方法。在城市地下工程中,特别是在浅埋的地下铁道工程中,明挖法获得了广泛的应用;此外,在水底隧道两端河岸段、洞门入口附近等常采用此法修建。

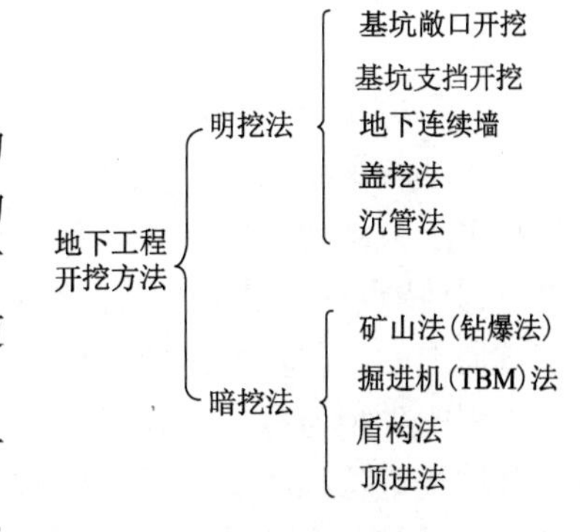

图6-8　我国地下工程使用的开挖方法

一般在地形平坦,埋深小于30m时,采用明挖法具有很好的实用价值;明挖法适应性强,适用于任何岩(土)体,可以修建各种形状的结构物;明挖法为地下结构的施工创造最大限度的工作面,各项工序可以全面铺开,进行平行流水作业,因而,施工速度快;明挖法施工技术比较简单,便于操作,工程质量有保证。在地面交通和环境条件允许的地方,应优先选择明挖法施工。

近年来基坑开挖和支护技术随着地下空间的利用有了很大的发展。早期基坑开挖较浅,基坑支护多以放坡开挖或悬臂式支护为主;随着基坑开挖的逐渐加深,这时基坑的支护再以放坡开挖或悬臂式支护已经不再经济并难以满足要求,所以多以地下连续墙支护为主,后来又出现了土钉和土钉墙加预应力锚索综合技术。随着深基坑开挖工程的逐渐增多,深基坑支护技术有了很大发展,逆作法就是一项近几年发展起来的新兴的基坑支护技术。

随着埋深的增加,明挖法的工程费用和工期都将增大。目前,明挖法对用围环境的影响大,譬如对地面交通、商业活动、居民生活的影响等,其地下管线的拆迁量比暗挖法大;当地下水位较高时,降水和地层加固费用非常高。因此在采用明挖法时,应充分考虑各种施工方法的特征,选择最能发挥其特长的施工方法。

明挖法施工重点要解决的问题有:基坑的稳定性问题及施工工序、维护结构的选择以及降水问题。

1. 敞口放坡明挖法

敞口放坡明挖法也称敞口基坑法,包括全放坡开挖和半放坡开挖两种。全放坡开挖是指基坑采取放坡开挖不进行坑场支护,根据地质条件采用相应的边坡坡度,分段开挖至所需位置进行结构施工,完成后进行回填,将地面恢复到原来状态。半放坡开挖是在基坑底部设置一定高度的悬臂式钢桩加强土壁稳定。其槽底宽度是根据地下结构宽度的需要并考虑施工操作空间确定的。为了保持边坡稳定,常常需要沿基坑两侧设井点降水。

在没有建筑物的空旷地段,以及便于采用高效率的挖土机及翻斗卡车的情况下,常采用全放坡或半放坡开挖,不加支撑的基坑形式。

采用此种开挖方式工程造价较低,与一般的打桩施工开挖方法相比,因不架设路面覆盖板,可使工费减少,工期缩短。但占地宽,拆迁量、土方挖填量较大,工程区域的交通被中断,在道路狭窄和交通繁忙的地段是不可行的。在市中心地区采用该方式施工的不多。地质情况的好坏、渗水量的多少以及开挖深度等条件,是这种方式能否采用的重要影响因素。敞口基坑法施工中,基坑边坡防护和开挖对于附近建筑物、地下埋设物的影响在施工管理中应充分注意。

2. 基坑支护开挖法

当基坑深度大于一定程度时,开挖需要施作维护结构。有时基坑的维护结构也是地下工程中永久结构的一部分。随着城市用地日趋紧张,基坑与其相邻建(构)筑物的距离越来越近,其特点往往是基坑工程量大,施工工期紧张,涉及因素多,技术复杂,工程质量要求高,基坑周围的工程环境保护要求也高,相应的施工成本也高。因此,应综合考虑地下工程、基础工程的类型与特性、基坑开挖深度、工程地质与水文地质、降水排水条件、基坑周边环境对其基坑侧壁位移的要求、基坑周边荷载、施工季节、支护结构使用期限等因素,做到因地制宜、因时制宜、合理设计、精心施工、严格控制,以达到既安全可靠、技术先进,又经济合理、方便施工的目的。

1)基坑支护开挖法支护结构

基坑支护开挖法主要依靠支护结构和支撑体系来承受周围土体的压力。根据支护结构的制作方式可分为以下几种(图6-9)。各类围护结构的特点见表6-1。

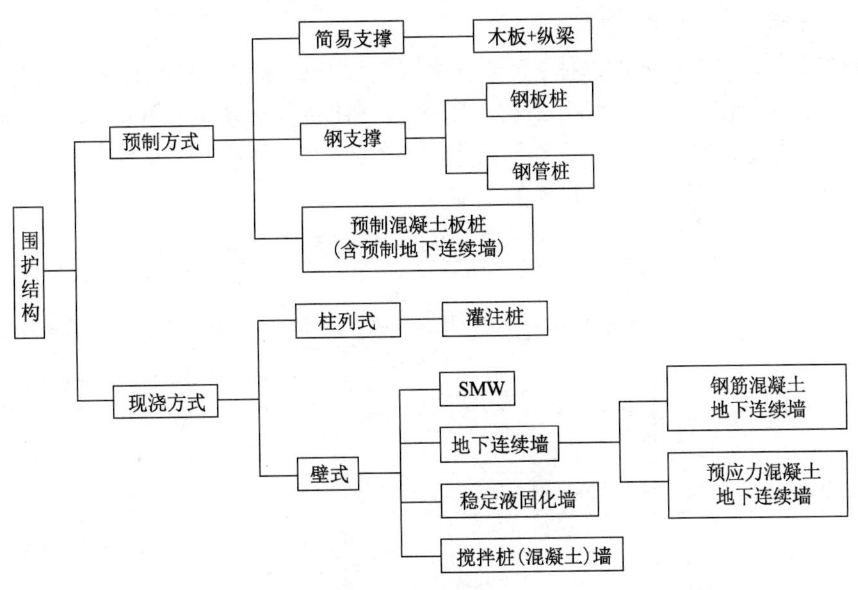

图6-9　围护结构分类

各类围护结构的特点　　表6-1

类　型	特　点
简易支挡	一般用于局部开挖、短时期、小规模； 方法：一边自稳开挖，一边用木挡板和纵梁控制地层坍塌； 特点：刚性小、易变形、透水
桩板式墙	H型钢的间距在1.2～1.5m； 造价低，施工简单，有障碍物时可改变间距； 止水性差，地下水位高的地方不适用
钢板桩墙	成品制作，可以反复使用； 施工简单，但施工有噪声； 刚度小，变形大，与多道支撑结合，在软弱地层中也可以采用； 新建的时候止水性尚好，如有漏水现象，需加防水措施
钢管桩	截面刚度钢板桩，在软弱地层中开挖深度可较大； 需有防水措施相配合
预制混凝土板桩	施工简便，但施工有噪声； 需辅以止水措施； 自重大，受起吊设备限制，不适合深大基坑
灌注桩	刚度大，可用在深大基坑； 施工对周边地层、环境影响小； 需和止水措施配合使用，如搅拌桩、悬喷桩等
地下连续墙	刚度大，开挖深度大，可适用于所有地层； 强度大，变位小，隔水性好，同时可兼作主体结构的一部分； 可邻近建(构)筑物使用，环境影响小； 造价高
SMW工法	强度大，止水性好； 内墙的型钢可拔出反复使用，经济性好
稳定液固化墙	日本应用较广
水泥搅拌桩挡墙	无支撑，墙体止水性好，造价低； 墙体变位大

2)支撑体系

支撑体系是用来支挡围护墙体,承受墙背侧土层及地面超载在围护墙上的侧压力。支撑体系是由支撑、围檩、立柱3部分组成。围檩和立柱是根据基坑具体规模,变形要求的不同而设置的。支撑材料应根据周边环境要求、基坑变形要求,施工技术条件和施工设备的情况来确定。表6-2列出不同支撑材料的优缺点。

不同支撑材料的优缺点 表6-2

支撑材料	优点	缺点
钢支撑	安装、拆除方便,且可施加预应力	刚度小,墙体变位大,安装偏离会产生弯矩
钢筋混凝土支撑	刚度大、变形小,平面布置灵活	钢筋混凝土支撑达到强度需时间,拆除需要爆破,制作与拆除时间比钢支撑长,且不能预加轴力,自重大
钢与钢筋混凝土混合支撑	利用了钢和钢筋混凝土各自的优点	宽大的基坑不太适用
拉锚	施工面空间大	软弱地层承载力小,锚多而密,且多数不能回收,成本高

3)基坑支挡开挖方法

(1)桩板支挡

在城市街道狭窄的条件下,基坑宽度应减至最小,这时常用钢桩与井点降水结合的直槽支护基坑形式(图6-10)。一般用工字钢桩,按设计位置打入土层内,形成连续板桩墙或间隔立桩,并架设横板等支撑。基坑在支护的保护下进行开挖。随着基坑土的开挖,应在桩间安设木挡板和顶撑、拉锚或土锚等组成的单层或多层支护结构,以保证桩在地层侧压力作用下的强度与稳定性。若使用木挡板仍然会导致土体崩塌或地面沉陷时,应采用连续钢板桩支护结构。

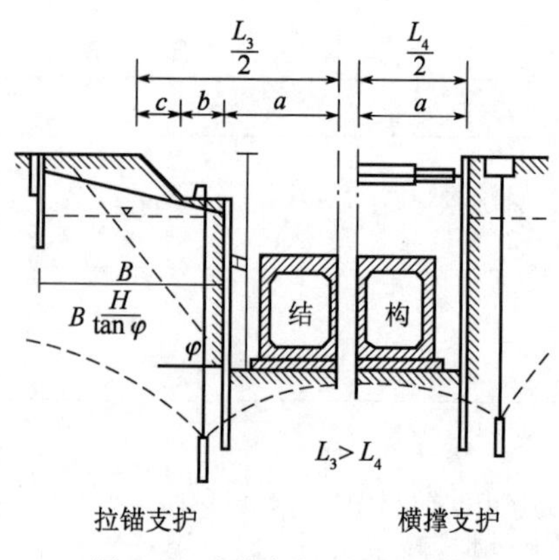

图6-10 直槽支护基坑开挖断面

(2)适用条件

工字钢桩围护结构适用于黏性土、砂性土和粒径不大于10cm的砂卵石地层,当地下水位较高时,必须配合人工降水措施。而且打桩时,施工噪声一般都在100dB以上,大大超过《环保法》规定的限值,因此,这种围护结构只宜于郊区距居民点较远的基坑施工中。作为基坑围护结构主体的工字钢,若强度和刚度不能满足施工要求时,横撑可以采用钢管或组合梁,其支撑平面形式如图6-11所示。

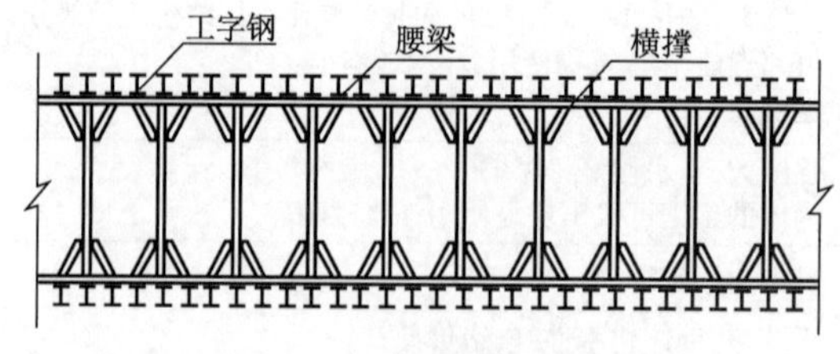

图6-11 工字钢桩围护结构支护

4)连续钢板(管)桩支护

钢板桩强度高,桩与桩之间的连续紧密,隔水效果好,可多次倒用,在地下水位较高的基坑中采用较多。

钢板桩常用的断面形式多为U形或Z形。我国地下铁道施工中多用U形钢板桩,其沉放和拔出方法、使用的机械均与工字钢桩相同,但其构成方法则可分为单层钢板桩围堰、双层钢板桩围堰及屏风等。由于地下铁道施工时基坑较深,为保证其垂直度又方便施工,并使其能封闭合龙,多采用屏风式构造(图6-12)。

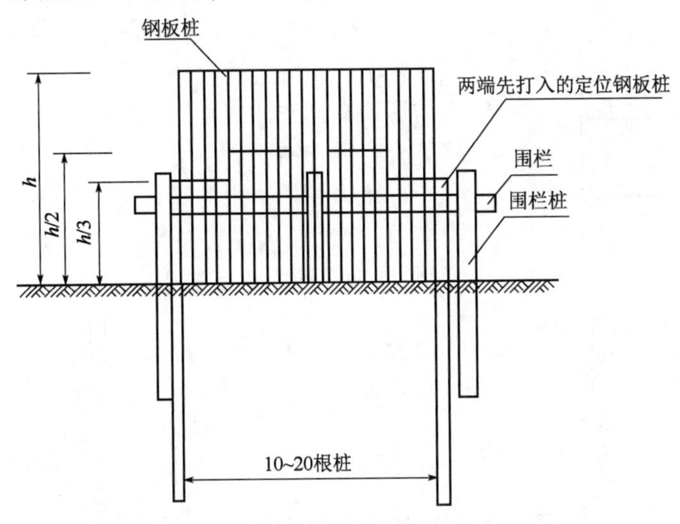

图6-12　钢板桩围护结构

钢板桩围护结构的适用范围基本与工字钢围护结构的适用范围相同。

5)挖孔灌注桩(人工挖孔桩)

挖孔灌注桩又称人工挖孔桩,因其具有应用灵活,无机械噪声和泥浆污染,易调整纠偏和控制精度,对施工场地和机具设备要求不高和造价便宜等优点,而被广泛地应用于基坑的围护结构和建筑物基础。在英国基础规范(BS 8004 1968)中定义为人工挖掘的沉井(Hand-dugcaisson),在我国香港简称为HDC,在美国又称为加利福尼亚井和芝加哥沉井。

挖孔桩通常是由工人用手持式工具挖掘成孔,并用手摇或电动绞车和吊桶出土。每挖一节桩身土方后,随即立模灌注混凝土护壁,逐节交替地由上往下进行直到设计高程。随着井身加深,应及时安装通风、照明、通信等设备。若挖至地下水位以下,一般可采用潜水泵排水,但为防止挖孔底部坍方,排水量不应超过60L/min。若水量过大,则应预先人工降水或进行注浆加固,然后再挖孔。

挖孔桩的最小直径为800mm,但为了工作方便以不小于1200mm为宜。

为了防止挖孔坍塌,保证施工安全,每节桩身开挖长度控制在0.9~1.0m,在困难地质条件下,每一节的开挖长度尚应减小。混凝土护壁厚度为10~15cm,必要时间可配置一定数量的ϕ6~ϕ8的钢桩,混凝土强度等级为C20。特大直径的挖孔桩,其混凝土护壁的尺寸和构造应专门设计。混凝土护壁均留在挖孔内成为桩身的一部分(图6-13)。

6)深层搅拌桩挡土结构

深层搅拌桩是用搅拌机械用水泥、石灰之类的固化剂和地基相拌和,从而达到加固地基

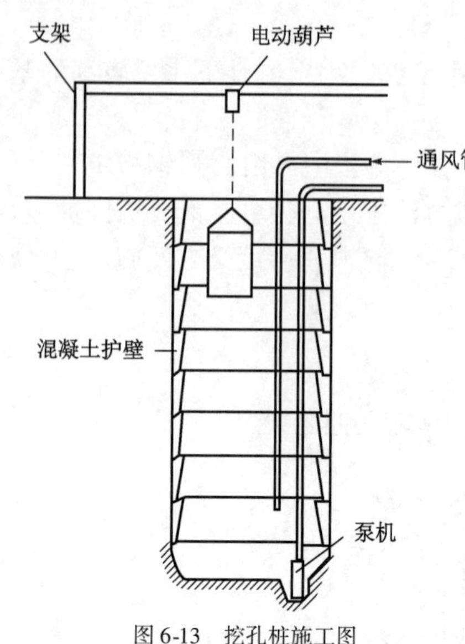

图 6-13　挖孔桩施工图

目的的一种方法。一般的水泥搅拌桩挡土结构具有优良的抗渗特性。在基坑开挖时可以不用井点降水,从而避免了对周围地下管线和建筑物造成危害。这种施工方法无排污,基本上无振动和噪声,造价又低,因此,近年来逐步发展成为基坑围护的主要形式之一,深层搅拌桩水泥土挡墙施工工艺顺序如图 6-14 所示。

7)SMW 工法

SMW 挡土墙是利用搅拌设备就地切削土体,然后注入水泥系混合液搅拌形成均一的挡墙。最后按一定的形式在其中插入型钢(如 H 型钢),即形成一种劲性复合为围护结构。

该种围护结构的特点主要表现在止水性好,构造简单,型钢插入深度一般小于搅拌桩深度,施工速度快,型钢可回收重复使用,成本低。

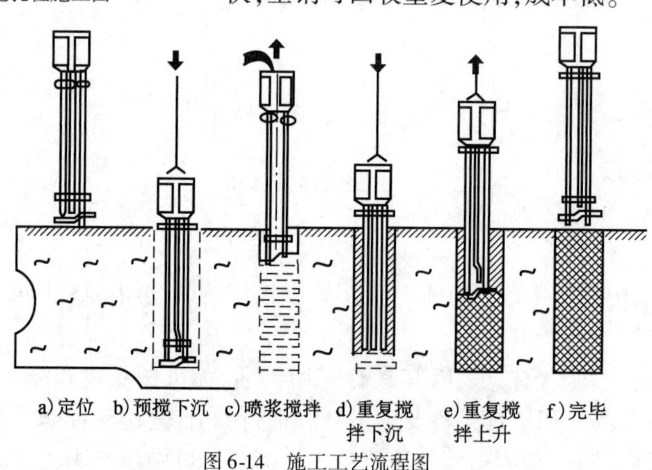

图 6-14　施工工艺流程图

SMW 工法是用三轴型或多轴型搅拌桩在现场向一定深度钻掘,同时在钻头处喷出水泥固化剂而与地基土反复搅拌,在各施工单元间采取重叠搭接施工,然后在水泥混合体未结硬之前插入型钢或钢筋笼作为加筋材料,至水泥土结硬,便形成一道有一定强度和刚度的,连续完整的挡土墙体。SMW 工法的施工顺序如图 6-15 所示。

8)土锚支护明挖法

土锚支护是最近 20 年内发展起来的新技术(图 6-16)。要点是先在基坑侧壁用水平钻机钻出一定深度的斜孔(孔径约 90 ~ 130 mm),然后在孔中心放进钢筋或高强度钢丝束,接着在孔中灌注水泥砂浆即成。为了增强握裹力,可用特制的内部扩孔钻头将直径扩大 3 ~ 5 倍,或用炸药爆扩,扩大钻孔端头。

当基坑很宽很深,需要设置多层拉杆时,可采用土锚支护。土锚支护可以多层设置,是工字钢桩与木挡板支护、连续钢板桩支护和地下连续墙很理想的一种支护方式;亦可作为永久性结构,如挡墙结构、船坞底板抗浮或桥基加固的锚固措施。但在地层软弱而松散时,则锚杆设置较为复杂和困难。

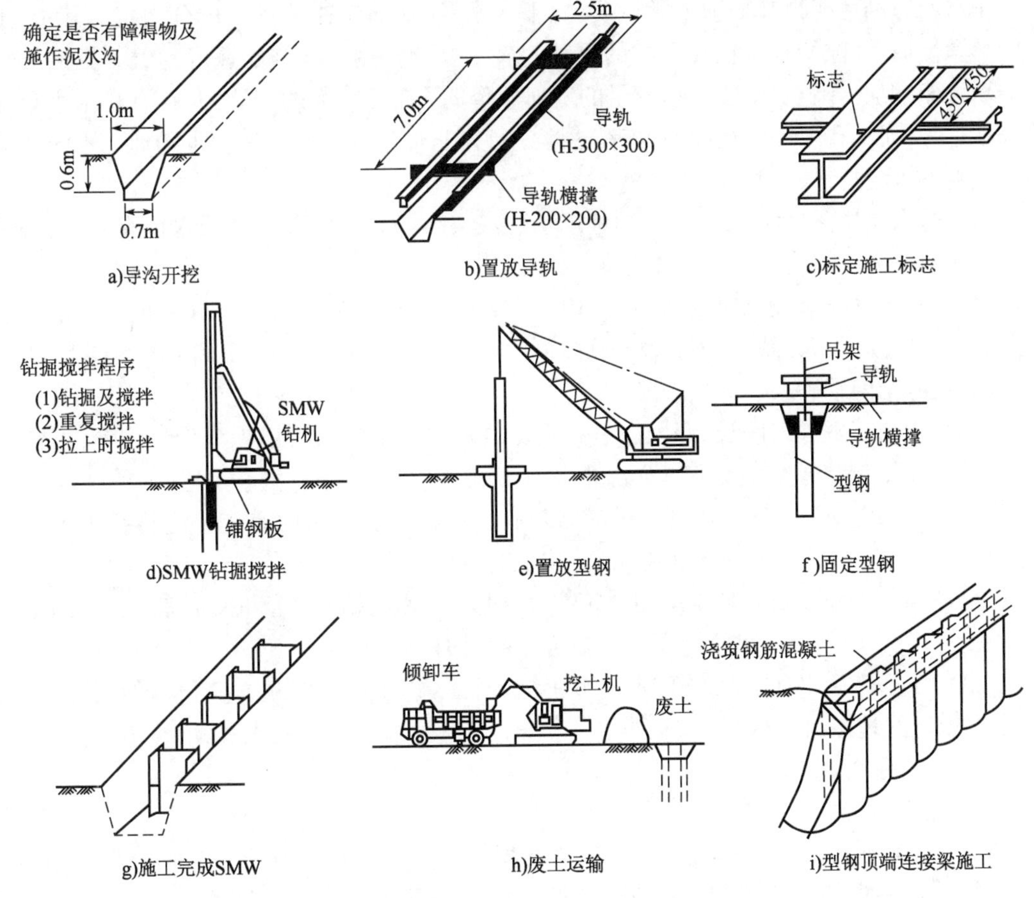

图 6-15 SMW 工法施工顺序

9)冻结明挖法

冻结法是利用一些设在钻孔中的特殊金属（冻结管）,并将冷媒(盐水或冷气)送入这些管中,经过连续和长期的循环,吸走周围地层的热量,而使地层冻结。以冻结管为中心冻土区逐渐扩大,和临近冻结管的冻土互相连接成一体,形成冻土壁,这道壁挡住地下水的进路,承受土壤的压力,并在这道壁的保护下,进行基坑开挖和结构施工（图 6-17）。

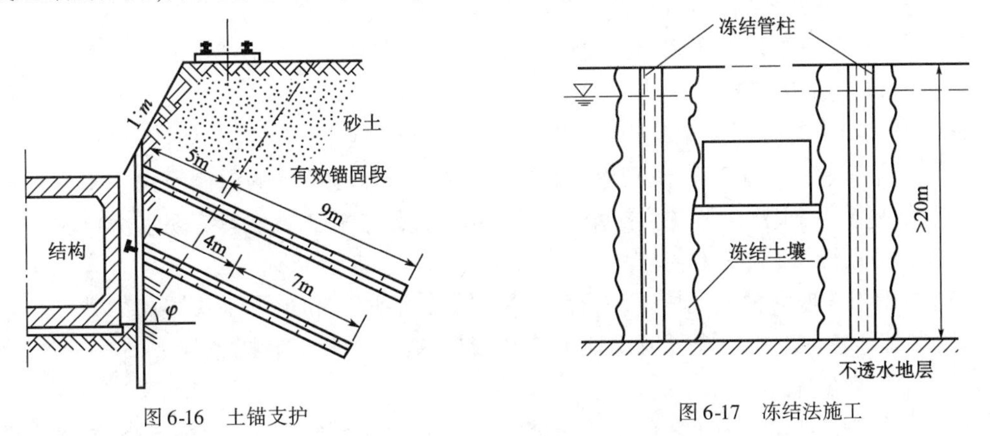

图 6-16 土锚支护

图 6-17 冻结法施工

土壤的冻结性能视其物理力学性质、地下水水量、水的流速及化学成分而定。其中,土壤的热学性质、孔隙的总体积及孔隙的尺寸起着主要的作用。冻结的速度随着土壤的导热率的增大而增加,并随着土壤的热容量的增加而降低。在孔隙大的土壤中,存有自由水会加快冻结过程;而在孔隙小的土壤中,冻结过程进行得非常缓慢。冻结过程也随地下水流速的增加及地下水含盐量的增加而变慢。

当不透水层极深,大于20m时,因地下水位水头高、流重大,人工降低水位有困难,可采用冻结法施工。冻结施工的特点体现在:

(1)冻土的力学强度高,如淤泥在 -10℃冻结时,其抗压强度可达2MPa,抗拉强度可达1.5MPa。无论是砂砾、黏土、淤泥等土壤均能冻结,但是土的含水率非常小时(含水率在8%以下),冻结困难。

(2)由于自然解冻时间长,当因停电和机械故障冻结中断时可以保证施工安全,但与外界空气、河水及混凝土等直接接触面处,极易较快解冻。

(3)地下水流速在0.5m/d以下时冻结才有可能,因此,施工时首先要进行地下水流速的测定。多数情况下,可采用压注施工法,减小地下水的流速。

(4)如果由于冻结膨胀影响周围建筑物,应研究抑制冻胀的措施和关于冻胀力的测定计算方法。一般采用埋设加热管等方法可限定冻结范围。

(5)对于解冻后出现下沉的土质(一般指在冻胀线以上的下沉量),在解冻的同时,需进行压注,以防止地层出现空洞。

3. 地下连续墙法

1)基本概念

地下连续墙用于地下工程施工中,就是在拟构筑地下工程地面上,沿周边划分数段槽孔,在泥浆护壁的支护下,使用造孔机械钻挖槽孔,待槽孔达到设计深度后,在槽孔两端放入接头管,采用直升导管法进行泥浆下灌注混凝土。现浇混凝土由槽孔底部逆行而上抬起并充满槽孔段,把泥浆置换出来。依次逐段完成各段槽孔的钻挖和灌注混凝土的工作,然后将相邻的墙段连接成整体,形成一条连续的地下墙体,起到截水防渗和挡土承重的作用。

地下连续墙在欧美国家称为“混凝土地下墙”或“泥浆墙”,在日本则称之为“地下连续壁”或“连续地重壁”等,是目前正在发展并且日益得到广泛应用的新技术。近年来不仅在欧洲和日本相当普及,在我国也日益得到广泛的应用。目前,我国的地下连续墙技术无论在理论研究,还是在施工技术中都取得很大进步,已成为城市明挖法施工中的主导方法。

2)优缺点及适用条件

地下连续墙具有两大突出优点:一是对周围环境影响小;二是施工时无噪声,无振动。例如在城市中修建地下工程与现有建筑物紧密连接,受环境条件的限制或由于水文地质和工程地质的复杂性,很难设置井点排水等,采用地下连续墙施工方法具有明显优越性。

另外,地下连续墙施工工艺与其他施工方法相比,还具有许多优点:

(1)适用于各地多种土地情况。目前在我国除岩溶地区和承压水头很高的砂砾层难以采用外,在其他各种土质中皆可应用地下连续墙技术,在一些复杂的条件下,它几乎成为唯一可采用的有效的施工方法。

(2)能兼作临时设置和永久的地下主体结构。由于地下连续墙具有强度高、刚度大的特点,不仅能用于深基础护臂的临时支护结构,而且在采取一定结构构造措施后可用作地面高层建筑基础或地下工程的部分结构。一定条件下可大幅减少工程总造价,获得经济效益。

(3)可结合“逆作法”施工,缩短施工总工期。一种成为逆作法的新颖施工方法,是在地下室顶板完成后,同时进行多层地下室和地下高层房屋的施工。一改传统施工方法先地下后地上的施工步骤。逆作法施工通常要采用地下连续墙的施工工艺和施工技术。

地下连续墙施工方法的局限性和缺点:

(1)对于岩溶地区含承压水头很高的砂砾层或很软的黏土,如不采用其他辅助措施,目前尚难于采用地下连续墙法。

(2)如施工现场组织不善,可能会造成现场潮湿和泥泞,影响施工的条件,而且要增加对废弃泥浆的处理工作。

(3)如施工不当或土层条件特殊,容易出现不规则超挖和槽壁坍塌。

(4)现浇地下连续墙的墙面通常较粗糙,如果对墙面要求高,墙面的平整处理增加了工期和造价。

(5)地下连续墙如仅用做施工期间的临时挡土结构,在基坑工程完成后就失去其使用价值,所以当基坑开挖不深时,则不如采用其他方法经济。

(6)需有一定数量的专业施工机器和具有一定技术水平的专业施工队伍,使该项技术推广受到一定限制。

通常情况下,地下连续墙的造价高于钻孔灌注桩和深层搅拌桩,因此,对其选用需经过认真的经济技术比较后才可决定采用。一般说来在以下几种情况宜采用地下连续墙:

(1)处于软弱地基的深大基坑,周围又有密集的建筑群或重要的地下管线,对基坑工程周围地表沉降和位移值有严格限制的地下工程。

(2)即作为土方开挖时的临时基坑围护结构,又可用作主体结构的一部分的地下工程。

(3)采用逆作法施工,地下连续墙同时作为挡土结构、地下室外墙、地面高层房屋基础的工程。

4. 盖挖施工法

由于明挖方式存在占用场地大,较长时间隔断地面交通,挖方量及填方量大等不利因素,故隧道的开挖可采用半明挖方式。

半明挖方式较常见的是“盖板法”,或称“盖挖法”。盖挖法最早在20世纪60年代用于西班牙马德里城市隧道,随后在很多城市的隧道建设中被采用,并且在建造方式、结构形式等方面也有不同的改变。盖挖法适用于松散的地质条件下及隧道处于地下水位线以上时。当隧道处于地下水位线以下时,需附加施工排水设施。

盖挖法施工,只在短时间内封闭地面交通,盖板建好后,后继的开挖作业不受地形条件的限制。另外,开挖对邻近建筑物的影响较小,隧道结构可延伸到地下水位线以下,适用于覆盖高度较小的隧道以及城市隧道。它的缺点是:盖板上不允许留下过多的竖井,故后续开挖的土方,需采用水平运输;工期较长,作业空间较小,和基坑开挖、支护开挖相比费用较高。

1)盖挖顺作法

结构物的施工顺序是在开挖到预定深度后,按底板→侧墙(中柱或中墙)→顶板的顺序修筑,是明挖法的标准方法。

在路面交通不能长期中断的道路下修建地下铁道车站或区间隧道时,则可采用盖挖顺作法。

该方法是于现有道路上,按所需宽度,由地表完成挡土结构后,以定型的预制标准覆盖结构(包括纵、横梁和路面板)置于挡土结构上维持交通,往下反复进行开挖和加设横撑,直至设计高程。依次由下而上建筑主体结构和防水设施,回填土并恢复管线路或埋设新的管线路。最后,视需要拆除挡土结构的外需部分及恢复道路(图 6-18)。

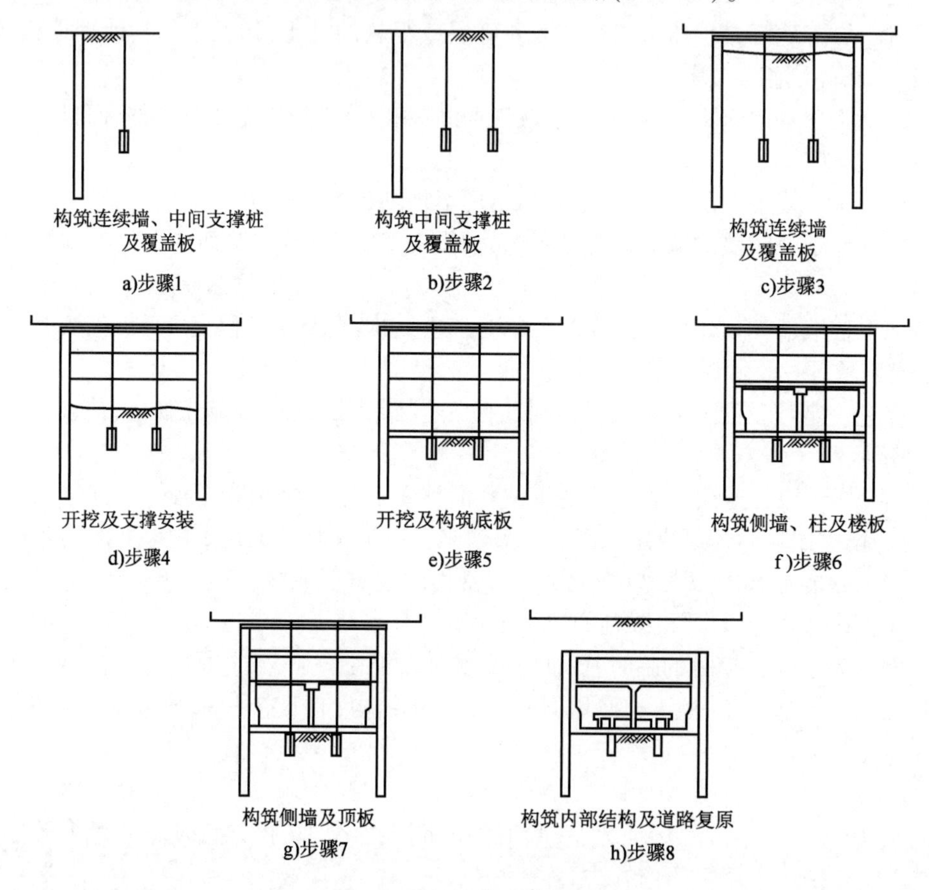

图 6-18 盖挖顺作法施工步骤

2)盖挖逆作法

(1)接近开挖地点有重要结构物时。

(2)有强大土压和其他水平力作用,用一般挡土支撑不稳定,而需要强度和刚度都很大的支撑时。

(3)开挖深度大,开挖或修筑主体结构需较长时间,特别需要保证施工安全时。

(4)因进度上的原因,需要在底板施工前修筑顶板,以便进行上部回填和开放路面时。

在逆筑施工中应注意以下事项:

(1)逆筑混凝土,因作为挡土支撑及主体的一部分使用,故应能充分承受临时设施的自重和其他荷载,同时不要产生有害的变形,并满足主体结构设计上的各种条件。

(2)顶板下的作业,因施工性及作业环境差,故要充分注意施工的顺序、方法和安全。

(3)逆筑部分的开挖,要在较短时间内进行,把其范围限制在最小限度内,不要开挖过度。

本方法的问题是,因顶板是先行修筑的,而后的开挖、材料的进出、结构物的修筑都要在顶板上开口进行作业,作业效率是比较低的。

逆作法是随着从上部开挖,在底板和中层板、侧墙修筑之前,先行修筑顶板或中层板的方法,为了使其稳定要使用挡土支撑,并开挖到指定深度后修筑主体结构。

5. 沉管隧道施工法

1)概述

沉管法修筑隧道,就是在水底预先挖好沟槽,把在陆地上特殊场地预制的适当长度的管段浮运到沉放现场,顺序地沉放到沟槽中并进行连接,然后回填覆盖成的隧道(图6-19)。

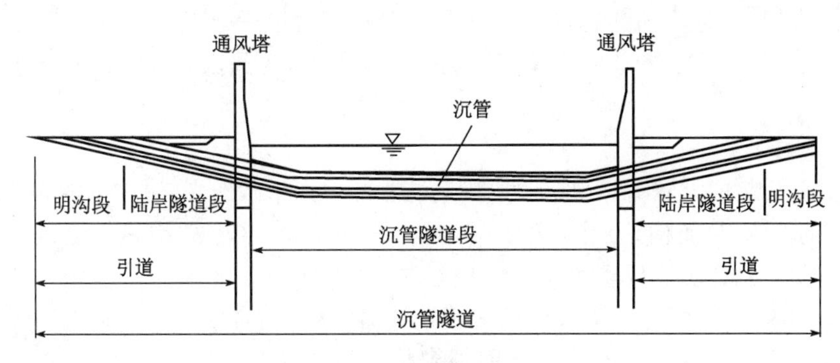

图6-19　沉管隧道简图

2)沉管隧道的特点

沉管隧道与其他横断水路的隧道相比,主要有如下特点:

(1)沉管隧道因其能够设置在不妨碍通航的深度下,故隧道全长可以缩短。

(2)隧道管段是预制的,质量好,水密性高。

(3)因有浮力作用在隧道上,所以有效重度小,要求的地层承载力不大,故也适用于软弱地层。

(4)断面形状无特殊限制,可按用途自由选择,特别适应较宽的断面形式。

(5)沉管的沉放,虽然需要时间,但基本上可在1～3d内完成,对航运的限制较小。

(6)不需要沉箱法和盾构法的压缩空气作业,在水相当深的条件下,能安全施工。

(7)因采用预制方式施工,效率高、工期短。

6.2.2　暗挖法

1. 新奥法

在地层中修筑隧道,一直沿用矿山中开拓巷道的方法,因而称为矿山法。矿山法施工时,将整个断面分布开挖至设计轮廓,并随机进行支护。按地质条件不同,开挖可采用钻眼爆破法或挖掘机具进行。分部开挖的主要目的是减少对围岩的扰动,并能方便支撑,以保安全。因此,分部的大小与多少就要按地质条件与断面大小以及开挖和支护手段、对周围环境影响等条件而定。以往采用木支撑,分部较多,断面上最先开挖的一小部分称为导坑,导坑以外的开挖统称为扩大,随着大型凿岩台车和高效率的装渣机械以及各种辅助工法的出现,分部数目趋于减少。

隧道施工的基本原则是:施工中应少扰动围岩,尽快施作初期支护。及时量测和反馈,并使断面及早封闭。根据我国的隧道施工经验,可扼要地概括为:“少扰动,早喷锚,勤量测,紧封闭。”具体地说,无论用钻爆或掘进机开挖,必须严格控制,达到成型好,对地层扰动最小的要求,对开挖暴露面及时进行地质描述和喷锚支护。施工全过程应在对周边位移的监控下进行,并及时反馈、修正设计和施工方法。在软弱围岩地段应使断面及早闭合。

隧道基本施工方法应根据施工条件,围岩类别,埋置深度、断面大小以及环境条件等,并考虑安全、经济、工期等要求选择。选择施工方法时,应以安全为前提,综合考虑隧道工程地质及水文条件、断面尺寸、埋置深度、施工机械装备、工期和经济的可行性等决定。当因隧道施工对周围环境产生不利影响时,亦应把环境条件作为选择施工方法的因素之一,同时应考虑围岩变化时施工方法的适应性及其变更的可能性,以免造成工程失误和增加不必要的投资。

2. 盾构法施工

盾构法施工是使用盾构机在地下掘进,边防止开挖面土砂崩塌,边在机内安全地进行开挖作业和衬砌作业,从而构筑成隧道的施工法。按照这个定义,盾构施工法是由稳定开挖面、盾构机挖掘和衬砌三大要素组成。

初期的盾构法施工是用手掘式或机械开挖式盾构机,结合使用压气施工法边保证开挖面稳定,边进行开挖。在围岩渗漏很严重的情况下,用注浆法进行止漏,而对软弱地基,则采用封闭式施工。经过多年对盾构技术的研究开发和应用,盾构机已演变成现在非常盛行的泥水式和土压式两种。这两种机型的最大优点是在开挖功能中考虑了稳定开挖面的措施,将盾构施工法三大要素中的前两者触为一体,无须辅助施工措施,就能适应地质情况变化大且范围较广的地层。

盾构法施工的概貌如图 6-20 所示。在隧道的一端建造竖井或基坑,将盾构安装就位。盾构从竖井或基坑的墙壁开孔出发,在地层中沿着设计轴线,向另一竖井或基坑的孔洞推进。盾构推进中所受到的地层阻力,通过盾构千斤顶传至盾构尾部已拼装的隧道衬砌结构上,再传到竖井或基坑的后靠壁上。盾构机是这种施工方法中主要的独特施工机具。

盾构法施工是在闹市区和水底的软弱地层中修建地下工程较好的施工方法之一;近年来,盾构机械设备和施工工艺在不断发展,适应大范围的工程地质和水文地质条件的能力大为提高。各种断面形式和具有特殊功能的盾构机械(急转弯盾构、地下对接盾构等)相继出现,其应用在不断扩大,盾构法施工在地下进行,不影响地面交通,减少噪声和振动对附近居民的影响;施工费用受埋深的影响小,有较高的技术经济优越性;盾构推进、出土、拼装衬砌等主要工序循环进行,易于管理。施工人员较少;穿越江、河、海时,不影响航运;施工不受风雨等气候条件影响等。这些优点将对城市地下空间利用的发展起到有力的技术支持作用。

盾构施工法开挖面稳定技术的历史,是从压气施工法的“气”演变到泥水式的“水”和土压式的“土”。“开挖面稳定”和“盾构开挖“的技术已达到较完善的程度。目前盾构一般指密封式的泥水式和土压式盾构。泥土加压式盾构机因其具备用地面积小、适用土质广、残土容易处理等优点,在建筑物密集的市区,使用数量逐年增加。

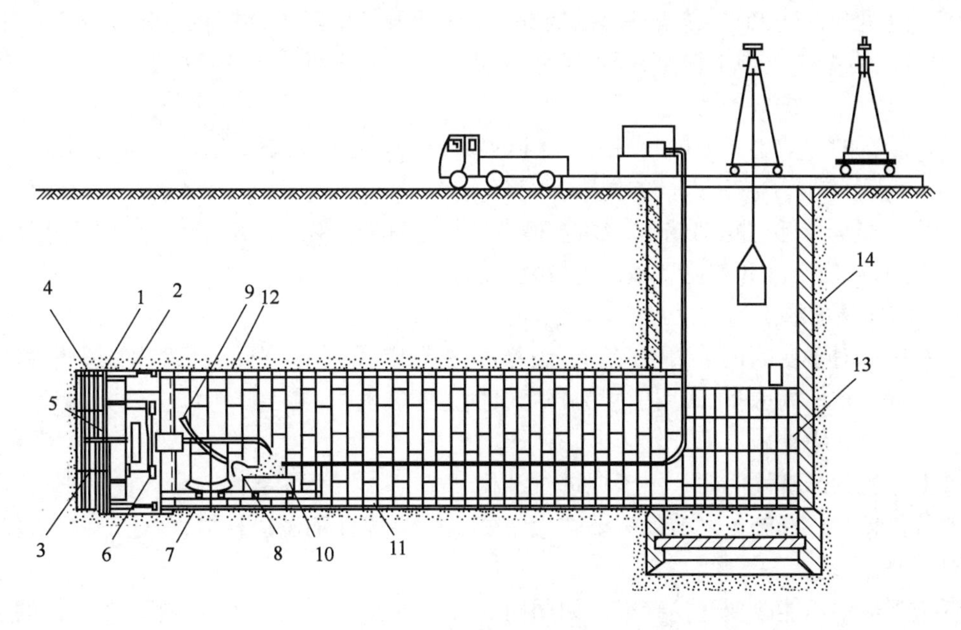

图6-20　盾构法施工概貌

1-盾构;2-盾构千斤顶;3-盾构正面网格;4-出土转盘;5-出土皮带运输机;6-管片拼装机;7-管片;8-压浆泵;9-压浆孔;10-出土机;11-由管片组成的隧道衬砌结构;12-在盾尾空隙中的压浆;13-后盾管片;14-竖井

最近,盾构机技术的发展动向是:开发超大断面的盾构机和MF盾构机,DOT盾构机等多断面盾构机,加上在衬砌和开挖方面采用ECL施工法的技术,采用管片自动组装装置的省力化,以及用自动测量进行开挖控制,用计算机进行各种施工管理实现管理系统化等的开发研究。对提高盾构法施工的安全性、施工性和经济性展示了更加广阔的应用前景。

3. 掘进机法施工

1)掘进机法的基本概念

掘进机法是利用岩石隧道掘进机在岩石地层中暗挖隧道的一种施工方法。施工时所使用的机械通常称为隧道掘进机,英文名称是Tunnel Boring Machine,简称TBM,它是利用回转刀盘又借助推进装置的作用力从而使得刀盘上的滚刀切割(或破碎)岩面以达到破岩开挖隧道(洞)的目的。按岩石的破碎方式,大致分为挤压破碎式与切削破碎式两种,前者是将较大的推力给予刀具,通过刀具的楔子作用将岩石挤压破碎;后者是利用旋转扭矩在刀具的切线方向及垂直方向上进行切削。如果按刀具的切削头的旋转方式,可分为单轴旋转式与多轴旋转式两种。作为构造来讲,掘进机是由切削破碎装置、行走推进装置、出渣运输装置、驱动装置、机器方位调整机构、粗架和机尾,以及液压、电气、润滑、除尘系统等组成。

2)隧道掘进机(TBM)法的优缺点

(1)TBM法的优点

①掘进效率高。掘进机开挖时,可以实现连续作业,从而可以保证破岩、出渣、支护一条龙作业。特别在稳定的围岩中长距离施工时,此特征尤其明显。与此对比,钻爆法施工中,钻眼、放炮、通风、出渣等作业是间断性的,因而开挖速度慢、效率低。掘进效率高是掘进机发展快的主要原因。

②掘进机开挖施工质量好，且超挖量少。掘进机开挖的隧道（洞）内壁光滑，不存在凹凸现象，从而可以减少支护工程量，降低工程费用。而钻爆法开挖的隧道内壁粗糙不平，且超挖量大，衬砌厚，支护费用高。

③对岩石的扰动小。进机开挖施工可以大大改善开挖面的施工条件。而且周围岩层稳定性较好，从而保证了施工人员的健康和安全。

④施工安全。近期的TBM可在防护棚内进行刀具的更换，密闭式操纵室和高性能的集尘机的采用，使安全性和作业环境有了较大的改善。

（2）TBM法的缺点

①掘进机对多变的地质条件（断层、破碎带、挤压带、涌水及坚硬岩石等）的适应性较差。但近年来随着技术的进步，采用了盾构外壳保护型的掘进机，施工既可以在软弱和多变的地层中掘进又能在中硬岩层中开挖施工。

②掘进机的经济性问题。由于掘进机结构复杂，对材料、零部件的耐久性要求高，因而制造的价格较高。在施工之前就需要花大量资金购买部件和制造机器，因此工程建设投资高，难用于短隧道。

③施工途中不能改变开挖直径。如用同一种机型开挖不同直径的断面，在硬岩的情况下更换附属部件，难度较大。

④开挖断面的大小、形状变更难，在应用上受到一定的制约。

4.顶管法施工

顶管施工是继盾构施工之后发展起来的一种地下管道施工方法，它不需要开挖面层，并且能够穿越公路、铁道、河川、地下建筑、地下构筑物以及各种地下管线等。

目前顶管施工随着城市建设的发展已越来越普及，应用的领域也越来越宽，如下水道、自来水管、气管、动力电缆、通信电缆，发电厂循环水冷却系统、地下铁道，人行通道等施工中，并在顶管的基础上发展成为一门非开挖施工技术。

随着顶管施工的普及和专业化，它的理论也日益完善，即使最简单的手掘式顶管施工，也可以从理论上来论证其挖掘面是否稳定等。目前顶管施工中流行的有3种平衡理论：气压平衡、泥水平衡和土压平衡理论。

气压平衡分为全气压平衡和局部气压平衡。全气压平衡是在所顶进的管道中及挖掘面上都充满一定压力的空气，以空气的压力来平衡地下水的压力；局部气压平衡是在顶进的土舱内充以一定压力的空气以起到平衡地下水压力和疏干挖掘面土体中地下水的作用。

泥水平衡理论是以含有一定量黏土的，且具有一定相对密度的泥浆水充满顶进机的泥水舱，并对它施加一定的压力，以平衡地下水压力和土压力的一种顶管施工理论。按照该理论，泥浆水在挖到面上能形成泥膜，以防止地下水的渗透，然后再加上一定的压力就可平衡地下水压力，同时，也可以平衡土压力。

土压平衡理论是以顶进机土舱内泥土的压力来平衡掘进机所处土层的土压力和地下水压力的顶管理论。

从目前发展趋势来看，土压平衡理论的应用已越来越广，因而采用土压平衡理论设计出来的顶管掘进机也应用得越来越普遍。其主要原因是它的适用范围比前述的两种宽，土压平衡顶进机在施工过程中所排出的渣土要比泥水平衡掘进机所排出的泥浆容易处理。加之土砂泵的出现,使其渣土的长距离输送和连续排土、连续推进已成为可能;另外土压平衡顶进机的设备要比泥水平衡和气压平衡简单得多。

过去顶管是作为一种特殊的施工手段,不到万不得已时,不轻易采用。因此,顶管常被当作穿越铁道、公路、河川等的特殊施工手段,施工的距离一般也比较短,大多在20~30m。随着顶进技术的发展,顶管施工作为一种常见的施工工艺已广泛地被业主所接受,而且,一次连续顶进的距离也越来越长。现在,一次连续顶进百米已是司空见惯的事,最长的一次连续顶进距离可达数千米之远。为了适应长距离顶管的需要,已开发出一种玻璃纤维加强管,它的抗压强度可达90~100MPa,是目前使用顶管用管子的1.5倍左右。另外,混凝土管的各种防腐措施也纷纷出台,甚至有用PVC塑料管和玻璃纤维管取代小口径的混凝土管或钢管作为顶管用管。

常用的顶管管径也日渐增大,实际施工中,最大的顶管口径已达4m。我国和日本都把3m口径的混凝土管列入顶管口径系列之中,德国最大的顶管口径为5m。顶管技术除了向大口径管的顶进发展以外,也向小口径管的顶进发展,最小顶进管的口径只有75mm,称得上微型顶管。这类管子具有覆土浅、距离短的特点,在电缆、供水、煤气等工程中有较多的应用。

为了克服长距离大口径顶进过程中所出现的推力过大的困难注浆减摩成了重点研究课题。现在顶管的减摩浆有单一的也有由多种材料配制而成的。它们的减摩效果之明显已被广大施工单位所认识。在黏性土中,混凝土管顶进的综合摩阻力可降到3kPa,钢管则可降到1kPa。

顶管施工技术过去大多只能顶直线,现在已发展成曲线顶管。曲线形状也越来越复杂:不仅有单一曲线,而且有复合曲线,如S形曲线;不仅有水平曲线,而且有垂直曲线;还有水平和垂直兼而有之的复杂曲线等。曲线的曲率半径也越来越小,这些都使顶管施工的难度增加许多。

顶管的附属设备、材料也得到不断的改良,如主顶油缸已有两级和三级等推力油缸。土压平衡顶管用的土砂泵已有各种形式。此外,测量和显示系统有的已朝自动化的方向发展,可做到自动测量、自动记录、自动纠偏,而且所需的数据可以自动打印出来。这些都使顶管技术迈向了新的台阶。

6.3　地下工程监测技术

6.3.1　监测的目的与意义

地下工程是修建在具有原岩应力场、由岩土和各种结构面组合的天然岩土体中的建筑物,是靠围岩和支护的共同作用保持其稳定性的。因此,工程的安全在很大程度上取决于围岩本身的力学特性及自稳能力,取决于其支护后的综合特性。

由于地下工程是埋藏在地下一定深处,而这种天然地质体材料中存在着节理裂隙、应力和地下水,因此,地下工程的兴建比地面工程复杂得多。特别是在地下工程开挖之前,其地质条件、岩体形态不易掌握,力学参数难于确定,人们不得不借助现场监测,获取建筑物性状变化的实际信息,并及时反馈到设计和施工中去,直接为工程服务。

地下工程按用途可分为:交通运输、输水、公共事业以及地下贮库、地下工厂、地下冷暖气管道、地下街道、地下发电站等;按工程地点分,有山岭隧道、城市隧道、水下隧道;按开挖介质分,有岩石隧道、土质隧道;按施工方法分,有山岭隧道、盾构隧道、明挖隧道、深埋隧道等。按照我国通常的习惯,把用于交通的地下通道称为隧道,如铁路隧道、公路隧道等;把用于输水的地下通道称为隧洞,如有压隧洞、无压隧洞等。因此,地下工程稳定性安全监测计分为:洞室、隧道、输水隧洞、城市地铁以及竖井、斜井等。

监测目的:评估与诊断、反馈与预测、信息化设计与施工控制、研究与技术进步等。

6.3.2 地下工程监测的阶段

1)前期监测

(1)利用勘探平洞进行。随勘探洞的开挖搜集岩体的力学参数,建立计算模型,或进行位移、应力及声波等量测。

(2)利用原位模型试验洞,进行系统的位移、应力、围岩松动范围及声波量测,反演岩体力学参数,建立计算模型,为地下洞室稳定性研究、支护设计提供依据。

2)施工期监测

随施工的进展,对围岩和支护进行位移、应力、应变、裂缝开合、地下水、爆破影响和环境等监测,并及时反馈,以保证施工安全和修改设计、指导施工。

3)运行期监测

对围岩及支护进行现场监测,监测结构构件的安全、检验设计的正确性以及为地下工程技术研究积累资料。

6.3.3 监测信息反馈

监测信息的反馈是岩土工程安全监测工作中必不可少、不可分割的组成部分,也是满足诊断、预测、法律和研究四方面需求,进行安全监控、指导施工和改进设计方法的一个重要和关键性环节,在各类岩土工程的施工、运行等不同阶段都将发挥重要作用。

由于岩土工程自身的特殊性和复杂性,在一般情况下,直接采用安全监测原始数据对建筑物安全稳定状态进行评估和反馈是困难的。

因此,为了实现岩土工程安全监测的设计目的,一般需要结合地下洞室、边坡、坝基等岩土工程和安全监测不同时段的不同特点和要求,分别选用不同的手段和方法,认真做好监测资料整理分析、预报和反馈中的下列各项工作:

(1)对监测数据和资料的整理、分析和解释。

(2)对建筑物的安全稳定状态进行评估、预测和预报,以确保施工运行安全,预防避免各种失稳安全事故,或力争将可能发生事故的损失降低到最小限度。

(3)依据监测资料的整理分析和安全稳定性评估,反馈指导设计、施工和运行方案的修改和优化。

(4)校验设计理论、物理力学模型和分析方法,为改进岩土工程的设计施工方法和运行管理提供科学依据。

监测资料整理分析和反馈工作是岩土工程的迫切需求。近年来,国内外许多岩土工程在监测资料整理分析和反馈方面做了大量工作,取得了丰富的成果,积累了宝贵的经验。

但是,在岩土工程安全监测工作中,重硬件(仪器及埋设),轻软件(资料整理分析和信息反馈),仍然是普遍存在的一种错误倾向。一些工程中,不惜代价引进、埋设了大量的先进监测仪器,却只满足于对监测资料进行常规的初步整理,甚至将极其宝贵的监测资料束之高阁,长期不做整理分析,这种状况是极其危险的。

6.4 施工组织与施工管理

6.4.1 施工组织

现代企业管理的理论认为,企业管理的重点是生产经营,而生产经营的核心是决策。工程项目施工准备工作是生产经营管理的重要组成部分,是对拟建工程目标、资源供应和施工方案的选择,及其空间布置和时间排列等诸多方面进行的施工决策。

施工准备工作不是一次性的,而是分阶段进行的。开工以后随着工程施工的进展,各工种施工之前也都有相应的准备工作。施工准备工作又是经常性的,以适应经常变化的客观因素的影响。

地下工程项目施工准备工作按其性质及内容通常包括技术准备、物资准备、劳动组织准备、施工现场准备和施工场外准备。

1)技术准备

技术准备是施工准备最重要的内容。任何技术的差错或隐患都可能危及人身安全和引起质量事故,造成巨大的损失。认真地做好技术准备工作,是工程顺利进行的保证,具体有以下内容:

(1)熟悉、审查施工图纸及有关设计资料。

①了解设计意图,对工程性质,平、纵布置,结构形式都要认真研究掌握。

②相关设计文件及说明是否符合国家有关的技术规范;设计图纸及说明是否完整、尺寸是否准确,图纸之间是否有矛盾。

③对工程作业难易程度做出判断,明确工程的工期要求。

④工程使用的材料、配件、构件等采购供应是否有问题,能否满足设计要求。

(2)调查工程所在地区的自然条件(地形、地质、水文、气象等)的勘察资料和施工技术资料。

①自然条件调查。

②技术经济条件调查。

(3)根据获得的工程控制测量的基准资料,进行复测和校核,确定工程的测量网。

(4)在调查获得的新的资料基础上,确定施工方案,补充和修改施工设计。

(5)编制施工图预算和施工预算。按照确定的施工方案修改施工图设计,根据有关的定额和标准,编制工程造价的经济文件。施工预算是按照施工图预算,根据施工组织设计和施工定额进行编制。

2)物质准备

地下工程施工的物质准备工作,主要包括现场的基本条件和所需的建筑材料。

开工前必须准备的基本条件有:施工道路,施工所用的水、电、气、通信设施;施工场地的平整和布置;修建施工的临时用房(机械修理房、木材加工房、材料库房、炸药库房、生活用房、办公室、会计室、调度室等);搭建工程用房(压缩空气房、配电房、水泥搅拌房、材料检测房等)。

物资准备主要有:建筑材料、构件加工设备、工程施工设备(施工机具和设备、运输车辆)、安装设备等。

根据施工设计、施工预算和施工进度的计划,按各阶段施工需求量,计划组织货源和安排。

3)劳动组织

(1)工程项目的组织机构。根据工程项目的规模、结构特点和复杂程度,按照因事设职、因职选人、合理分工、密切协作相结合的原则,组建工程项目的组织机构。

(2)工程项目的施工队伍。施工队伍的组建应根据该工程的劳动力需要量计划,考虑专业进行合理搭配,强化技术骨干的主导作用,技工、普工的比例要满足合理的劳动组织,符合流水施工组织方式的要求。

(3)建立健全各项管理制度。建立、健全工地的各项管理制度,是工程顺利进行的保证。

施工准备的各项工作相互关联,互为补充和配合。要保证施工准备工作的质量,加快速度,应加强与业主、设计单位和当地政府的协调工作,健全施工准备工作的责任和检查制度,在施工全过程中,有组织、有计划地进行。

6.4.2 地下工程施工管理

1)质量管理

近年来,随着社会主义市场经济的发展和管理水平提高,质量管理工作已经越来越为人们所重视,企业领导清醒地认识到了高质量的产品和服务是市场竞争的有效手段,是争取用户、占领市场和发展企业的根本保证。国际标准化组织(ISO)于1987年发布了通用的ISO 9000《质量管理和质量保证》系列标准,得到了国际社会和国际组织的认可和采用,带有通用性和指导性,已逐步成为世界各国共同遵守的工作规范。我国对具备质量管理基础的企业,在全国范围开展了质量认证工作,以促进企业质量管理水平向国际水平靠拢,实现质量管理的国际化。因此,从发展战略的高度来认识质量问题,质量管理水平已关系到企业的命运和来来。

作为建设工程产品的工程项目,质量的优劣,不仅关系到工程的适用性,而且还关系到人民生命财产的安全和社会安定,因为施工质量低劣,造成工程质量事故或潜伏隐患,其后果是不堪设想的。所以在工程建设过程中,加强质量管理,确保国家和人民生命财产安全是施工项目管理的头等大事。

2)合同管理和风险管理

合同管理是指企业对以自身为当事人的合同,依法进行订立、履行、变更、解除、转让、终止以及审查、监督、控制等一系列行为的总称。其中订立、履行、变更、解除、转让、终止是合同管理的内容;审查、监督、控制是合同管理的手段。项目合同管理包括对业主的施工承包合同和对分包方、分供方的合同管理和合同索赔管理两个方面。

3)施工管理

施工管理的要求是:实现高速度、高质量、高工效、低成本和文明施工。它是施工管理的目标。也是衡量建筑企业施工管理水平的主要标志。

施工管理的基本任务是遵循建筑生产的特点和规律,把施工过程有机地组织起来。加强组织协调,充分发挥人力、物力和财力的作用,用最快的速度、最好的质量、最低的消耗,取得最大的经济效果。

第7章　地下工程地质灾害

7.1　概　　述

当今人类社会正面临着人口急剧膨胀、资源严重短缺和环境日益恶化的严峻挑战。环境恶化的重要标志之一就是自然灾害日趋频繁，并对人类的生存与发展造成严重的威胁。地质灾害，作为自然灾害的主要类型之一，在历史上曾给人类带来无尽的灾难，留下了许多不堪回首的伤痛。而今，人类活动随其规模与强度的不断增大，正在越来越深刻地影响地球表层演化的自然过程，导致地质灾害发生的频率越来越高，影响的范围越来越大，造成的危害也越来越严重。在一些脆弱的地域内，已经成为影响和制约社会与经济发展的不可忽视的重要因素。

地质灾害是指由于自然的、人为的或综合的地质作用，使地质环境产生突发的或渐进的破坏，并对人类生命财产造成危害的地质作用或事件。由于灾害地质学是一门尚处于发展之中的新兴交叉学科，不同领域的专家学者对灾害地质学的研究范畴、主要研究内容等的看法不完全一致，对地质灾害类型的划分也不尽相同。从灾害事件的后果来看，凡是对人类生命财产和生存环境产生影响或破坏的地质事件和作用都属于地质灾害的范畴；从致灾的动力条件来看，由地球内、外动力地质作用和人类活动（也可看作地球外动力的一种形式）而使地质环境发生变化的地质现象和事件均可归属于地质灾害。自此看来，地质灾害的种类应包括火山、地震、崩塌、滑坡、泥石流、地面沉降、地裂缝、岩溶塌陷、瓦斯爆炸与矿坑突水、水土环境异常导致的各种地方病、土质荒漠化、水土流失、土壤盐渍化、软土湿陷、软土沉陷、膨胀土胀缩、地下水变异、洪水泛滥、水库坍岸、河岸和海岸侵蚀与海水入侵等。

我国是世界上地质灾害危害最严重的国家之一，不仅灾害种类多、发生频率高、分布范围广且有日益加重的趋势，直接影响到国家经济的发展和人民生活的各个方面。据统计，我国每年因地震、崩塌、滑坡、泥石流、地面沉降、火山地质灾害和土地荒漠化等灾害造成的直接经济损失高达840亿元，由于地质环境的恶化而引发或加重的其他自然灾害所造成的间接损失更是无法估算。因此，依靠现代科学技术，多学科、跨部门联合攻关，全面、系统、深入开展地质灾害研究对保护人民生命财产安全，减轻地质灾害损失，实现社会、经济的持续发展都有重要意义。

7.2　地下工程地质灾害形式、特点及防治

灾害是指那些由于自然的、人为的或人与自然综合的原因，对人类生存和社会发展造成损害的各种现象；值得指出的是，“灾害”是从人类的角度来定义的，必须以造成人类生命、财

产损失的后果为前提。如果山体崩塌、滑坡发生在人员聚集的城镇，导致人员伤亡、房屋倒塌、农田被毁、水利设施被冲毁等，这就构成灾害事件。地下工程方面相关地质灾害有：地震、崩塌、滑坡、泥石流、地面沉陷、突涌水等。

7.2.1 地震

1. 地震成因及类型

(1)概述

地震是一种常见的地质现象。岩石圈物质在地球内动力作用下产生构造活动而发生弹性应变，当应变能量超过岩体强度极限时，就会发生破裂或沿原有的破裂面发生错动滑移，应变能以弹性波的形式突然释放并使地壳振动而发生地震。

最初释放能量引起弹性波向外扩散的地下发射源为震源，震源在地面上的垂直投影为震中。震中到震源的距离称为震源深度(图7-1)。按震源深度地震可分为浅源地震(0～70km)，中源地震(70～300km)和深源地震(300～700km)。大多数地震发生在地表以下几十千米地壳中，破坏性地震一般为浅源地震。

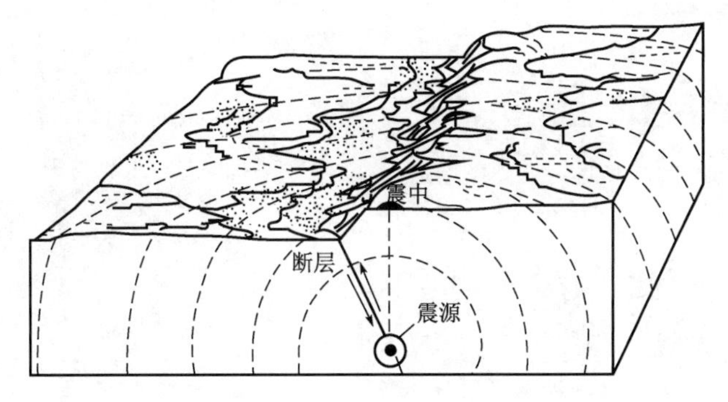

图7-1　地震震中、震源及地震波传播示意图

地震是因地球内动力作用而发生在岩石圈内的一种物质运动形式，它是由积聚在岩石圈内的能量突然释放而引起的。据统计，全世界每年大约发生几百万次地震，人们能够感觉到的仅占1%左右，7级以上的灾害性地震每年多则二十几次，少则三五次。

强烈地震可使大范围的建筑物瞬间沦为废墟，是一种破坏性很强的地质灾害。地震灾害不仅造成建筑物倒塌而使人类生命财产遭受重大损失，而且还会诱发大规模的砂土液化和崩塌、滑坡等次生地质灾害；发生在深海地区的强烈地震有时还可引起海啸。地震的破坏范围有时可扩展到数百公里甚至数千公里之外。

(2)地震的类型

地震成因类型归纳起来有构造地震、火山地震、塌陷地震和诱发地震四种类型。地壳运动过程中，在地壳不同部位受到地应力的作用，在构造脆弱的部位容易发生破裂和错动而引起地震，这就是构造地震。全球90%以上的地震属于构造地震。火山活动也能引起地震，它占地震发生总量的7%左右。火山喷发前岩浆在地壳内积聚、膨胀，使岩浆附近的老断裂产生新活动，也可以产生新断裂，这些新老断裂的形成和发展均伴随有地震的产生。自然界大规模的崩塌、滑坡或地面塌陷也能够产生地震，即塌陷地震。

此外，采矿、地下核爆破及水库蓄水或向地下注水等人类活动均可诱发地震。例如，矿山开采过程中,因岩体或矿体发生破坏,使内部积聚的弹性能得到迅速释放就会产生地震。大型水库在蓄水后诱发地震的实例在国内外已有很多报道。截至1996年的统计,世界上有109座水库发生过诱发地震,我国的水库诱发地震有19处,其中最大的一处是广东新丰江水库。该水库建于1959年,蓄水后地震日益增多(到1972年地震总数达72万次),1962年3月19日发生的6级地震,烈度为8度,使坝体产生了裂缝。

2. 地震波

地震所产生的震动是以弹性波的形式传播出来的,这种弹性波称为地层波。地震时通过地壳岩体在介质内部传播的波称为体波;体波经过折射、反射而沿地面附近传播的波称为面波。面波是体波形成的次生波。

体波包括纵波和横波。纵波又叫疏密波,由介质体积变化而产生,并靠介质的扩张与收缩而传递,质点振动与波的前进方向一致;在某一瞬间沿波的传播方向形成一疏一密的分布。纵波振幅小,周期短。横波又叫扭动波,是介质性状变化的结果,质点的振动方向与波传播方向互相垂直,各质点间发生周期性的剪切振动。与纵波相比,其振幅大、周期长、传播速度小。图7-2所示是地震波的传播方式示意图。

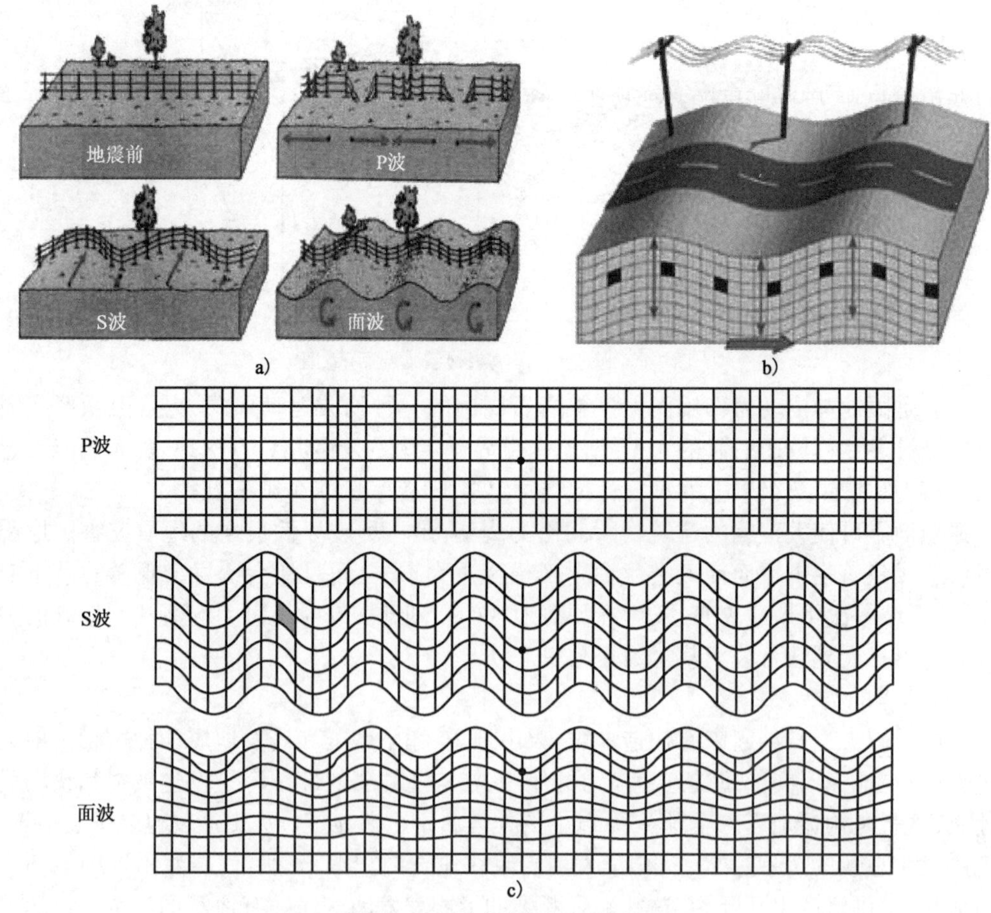

图7-2 地震波的传播方式示意图

由于纵波是压缩波,所以可在固体介质或液体介质中传播;而横波是剪切波,所以它不能通过对剪切变形没有抵抗力的液态介质，只能通过固体介质。

3. 地震的震级与地震烈度

地震能否使某一地区建筑物受到破坏取决于地震能量的大小和该建筑物距震中的远近。所以，需要有衡量地震能量大小和破坏强烈程度的两个指标，即震级（Magnitude，*M*）和烈度（Intensity，*I*）。它们之间虽然具有一定的联系，但却是两个不同的指标，不能混淆起来。

(1)震级

地震震级是表示地震本身能量大小的尺度，即以地震过程中释放出来的能量总和来衡量，释放出来的能量越庞大则震级越高。由于一次地震释放出来的能量是恒定的，所以在任何地方测定，只有一个震级。

一般来说，小于2级的地震人们是感觉不到的，只有通过仪器才能记录下来，称为微震；2～4级地震，人们可以感觉到，称为有感地震；5级以上地震，可引起不同程度的破坏，称为破坏性地震；7级以上称为强烈地震。现有记载的地震震级最大为8.9级，这是因为地震震级超过8.9时，岩石强度便不能积蓄更大的弹性应变能的缘故。由于地震是地壳能量的释放，震级越高，释放能量越大，积累的时间也越长。在易发震地区，如美国旧金山及其周围地区，平均一个世纪才可能发生一次强烈的地震。这就是说，大约需要100年积累的能量才能超过断层的摩擦阻力。这期间由于局部滑动的结果可能发生小地震，但储存的能量还是能够逐渐积累起来，因为断层的其他地段仍然处于锁定状态。这说明，强震的发生具有一定的周期性，由于地震地质条件的差异性，不同地区发生强烈地震的周期也是不一样的。

(2)烈度

地震烈度是指地面及各类建筑物遭受地震破坏的程度。地震烈度的高低与震级的大小、震源的深浅、距震中的距离、地震波的传播介质以及场地地质构造条件等有关。如一次地震，距震中远的地方，烈度低；距震中近处烈度高。又如：相同震级的地震，因震源深浅不同，地震烈度也不同，震源浅者对地表的破坏就大。如1960年2月29日非洲摩洛哥临太平洋游览城市阿加迪尔，发生了5.8级地震，由于震源很浅（只有3～5km），在15s内大部分房屋都倒塌了，破坏性很大。而同样震级的地震，若震源深，则相对破坏性小。由此可见，一次地震只有一个相应的震级，而烈度则随地方而异，由震中向外烈度逐渐降低。

4. 地震灾害

地震是一种突发性的地质灾害，强烈地震灾害可以把整座城市毁于一旦。仅20世纪60年代以来，地震毁灭的重要城市就有蒙特港（智利，8.6级，1960年）、阿加迪尔（摩洛哥，1960年）、斯科普里（南斯拉夫，1963年）、安科雷奇（阿拉斯加，1964年）、马拉瓜（尼加拉瓜，1972年）、唐山（死亡24.2万人，1976年）、塔巴斯（伊朗，1978年）、阿斯南（阿尔及利亚，1980年）、亚美尼亚（哥伦比亚，1999年）等。20世纪初以来，因强烈地震已夺去上百万人的生命，造成直接经济损失数千亿元。

1)地震灾害的特点

强烈地震发生可引起严重的地震灾害，其中最普遍的地震灾害仍然是各类建筑物的破坏，人员伤亡也主要是房屋倒塌造成的。特别是在大城市、大工矿区等人口稠密、房屋集中的地区，地震的破坏性及其灾害严重性往往表现得更为突出。地震灾害的特点表现为瞬间发生、灾害严重、预报困难等几个方面。

(1)地震灾害发生突然,来势凶猛,可在几秒到几十秒钟内摧毁一座文明的城市。地震前有时没有明显预兆,以致人们无法躲避,从而造成大规模的毁灭性灾难。我国自1949年以来,地震已造成37.4万人死亡,伤残86.5万人,居群灾之首;同时,地震还使600多万间房屋倒塌,直接经济损失几百亿元。

(2)地震成因的特殊性使得地震临震预报工作还很不成熟。因此,地震对人类的危害程度还很严重。随着科学技术的进步,人类已能够对许多其他地质灾害进行有效的监测、预报和防治。但是,人们对地震灾害仍然停留于监测阶段,还不能准确有效地预报地震的发生,更谈不上有效地减轻地震灾害了。

(3)地震不仅直接毁坏建筑物、造成人员伤亡,还不可避免地诱发多种次生灾害。有时次生灾害的严重程度大大超过地震灾害本身造成的损失。

(4)在地震灾害的发生过程中,有时无震成灾,这在其他地质灾害中是罕见的。地震谣言造成灾难的事例时有所闻。现代通信技术和传媒技术虽然很发达,但有时可对地震谣传起着灾害放大的作用。

2)地震灾害的破坏形式

地震灾害按其与地震动关系的密切程度和地震灾害要素的组成可分为原生灾害、次生灾害和间接灾害三种。地震原生灾害源于地震的原始效应,是地震动直接造成的灾害,如地震时房屋倒塌引起人员伤亡、地震时喷沙冒水对农田的破坏等。地震次生灾害泛指由地震运动过程和结果而引起的灾害,如地震砂土液化导致地基失效而引起的建筑物倒塌、地震使水库大坝溃决而发生的洪灾、地震引起斜坡岩土体失稳破坏而造成的灾害、地震海啸引起的水灾等。地震间接灾害也称为衍生灾害,是地震对自然环境和人类社会长期效应的表现。如地震使城市内某局部地区的地面高程降低而导致该地区在暴雨季节洪水泛滥、地震造成人畜死亡而引发的疾病传播、地震灾区停工停产对社会经济的影响以及灾区社会的动荡与不安等均可看作是地震的衍生灾害。

(1)地面运动

地面运动是地震波在浅部岩层和表土中传播而造成的。大多数强烈地震($M>8.0$)发生时,人们有时能够观察到地面的波状运动。地面运动是地震破坏的初始原因。地层地面运动的破坏形式如图7-3所示。

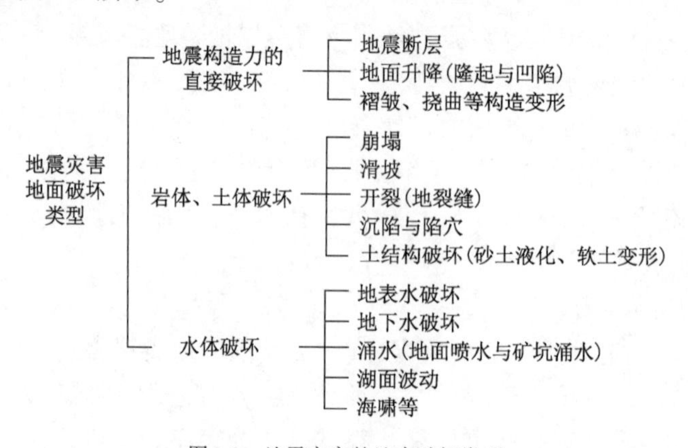

图7-3 地震灾害的地表破坏类型

(2)断裂与地面破裂

在地面发生地震破裂的地方,往往出现建筑物开裂、道路中断、管道断裂等现象,所有位于断层上或跨越断层的地形地貌均被错开,有时地面还会产生规模不同的地裂缝。统计资料表明,震级 >5.5 级时,特别是大于 6.5 级的地震才会出现地震断层。一般情况下,震级越大,地震断层的破裂长度越大。

(3)余震

余震经常使地震灾害加重。余震是主震后较短时间内发生的震级较小的地震。例如,1964 年阿拉斯加地震后 4 个月内记录到 1260 次余震。1999 年 9 月 21 日我国台湾省南投县发生里氏 7.6 级地震后,至 1999 年 10 月 9 日共发生大小余震 11790 次,其中有感余震 109 次。某些情况下大地震可以触发远离原始震中的断层而发生“余震”。1992 年洛杉矶附近兰德斯的 7.3 级地震在 14 个地方触发了次生事件,其中包括 1250km 以外的余震。

(4)火灾

火灾是一种比地面运动造成的灾害还要大的次生地震效应。地面运动使火炉发生移动、煤气管道产生破裂、输电线路松弛,因而引发火灾。地面运动还使输水干线发生破损,扑灭火灾的供水水源也被中断。

(5)斜坡变形破坏

在陡峭的斜坡地带,地震震动可能引起表土滑动或陡壁坍塌等地质灾害。美国的阿拉斯加州、加利福尼亚州以及伊朗、土耳其和我国均发生过地震滑坡、地震崩塌灾害。房屋、道路和其他结构物被快速下滑的滑坡所毁坏。

(6)砂土液化

饱水粉细砂沉积物和表土的突然震动或扰动能够使看似坚硬的地面变成液状的流沙。这种砂土液化现象在多数大地震中经常可见。1964 年,美国阿拉斯加地震时,砂土液化和诱发滑坡是使安克雷奇大部分地区遭受毁坏的主要原因。1976 年,我国唐山大地震时发生的大面积喷水冒砂现象也是砂土液化引起的。

(7)地面高程改变

有时地震还会造成大范围的地面高程改变,诱发地面下沉或岩溶塌陷。1976 年唐山大地震时就有多处岩溶塌陷发生。1964 年美国阿拉斯加地震时造成从科迪亚克岛到威廉王子海峡约 1000km 海岸线发生垂直位移,有的地方地面下沉 2m 多,而在另外一些地方地面垂直抬升达 11m。

(8)海啸

地震的另一个次生效应是地震海浪,也称海啸。水下地震是海啸的主要原因。海啸对太平洋沿岸地区的危害特别严重。

1964 年美国阿拉斯加乌尼马克岛附近强烈水下地震引发的海啸波浪以每小时 800km 的速度沿太平洋传播,4.5h 后袭击了夏威夷的希洛。虽然在宽阔海域波高只有 1m,但当遇到陆地时波高急剧增加。当海啸袭击夏威夷时,最大波高比正常高潮位高出 18m。这次海啸摧毁了近 500 座房屋,造成 159 人死亡。1998 年 7 月 17 日,由于太平洋海底地震而引发的海啸袭击了位于西半球的巴布亚新几内亚,高达 23m 的海啸波浪冲向巴布亚新几内亚沿岸 29km 范围内的村庄,造成 3000 多人死亡,约 6000 人失踪。在 2004 年 12 月 26 日发生的印尼大海啸中,地震和海啸导致超过 29.2 万人罹难,其中三分一是儿童,这可能是世界近 200 多年来死伤最惨重的海啸灾难。

(9)洪水

洪水是地震的次生灾害或间接灾害。地震诱发的地面下沉、水库大坝溃决或海啸均可引发洪水。后两者引起的洪水是一次性的,而地震诱发的地面下沉属于永久性的地面高程降低,在雨季可能无数次地发生洪水灾害,有时甚至造成永久性的积水。如美国密西西比河田纳西州一侧穿过新马德里的瑞尔弗特湖就是 1811 ~ 1812 年一系列地震发生时因地面沉降引起洪水而形成的。

7.2.2 滑坡

1. 概述

在自然地质作用和人类活动等因素的影响下,斜坡上的岩土体在重力作用下沿一定的软弱面"整体"或局部保持岩土体结构而向下滑动的过程和现象及其形成的地貌形态称为滑坡,如图 7-4 所示。

图 7-4 滑坡示意图

2. 滑坡形成条件

自然界中,无论天然斜坡还是人工边坡都不是固定不变的。在各种自然因素和人为因素的影响下,斜坡一直处于不断地发展和变化之中。滑坡形成的条件主要有地形地貌、地层岩性、地质构造、水文地质条件和人类活动等因素。

(1)地形地貌

斜坡的高度、坡度、形态和成因与斜坡的稳定性有着密切的关系。高陡斜坡通常比低缓斜坡更容易失稳而发生滑坡。斜坡的成因、形态反映了斜坡的形成历史、稳定程度和发展趋势,对斜坡的稳定性也会产生重要的影响。如山地的缓坡地段,由于地表水流动缓慢,易于渗入地下,从而有利于滑坡的形成和发展。山区河流的凹岸易被流水冲刷和淘蚀,这些地段也易发生滑坡。

(2)地层岩性

地层岩性是滑坡产生的物质基础。虽然不同地质时代、不同岩性的地层中都可能形成滑坡,但滑坡产生的数量和规模与岩性有密切关系。地层岩性软弱,松散堆积层、软硬相间岩层、坚硬岩层中夹有软弱岩层等,这些地层在水和其他外营力作用下因强度降低而易形成滑动带,从而具备了产生滑坡的基本条件。因此,这些地层往往称为易滑地层。

(3)地质构造

滑坡沿断裂破碎带往往成群成带分布。另外各种软弱结构面(如断层面、岩层面、节理面、片理面及不整合面等)控制了滑动面的空间展布及滑坡的范围。如顺层滑坡的滑动面绝大部分是由岩层层面或泥化夹层等软弱结构面构成的。

(4)水文地质条件

各种软弱层、强风化带因组成物质中黏土成分多,容易阻隔、汇集地下水,如果山坡上方或侧方有丰富的地下水补给,一方面地下水进入滑坡体增加了滑体的重量,滑带土在地下水的浸润下抗剪强度降低,另一方面地下水位上升产生的静水压力对上覆不透水岩层产生浮托力,降低了有效岩土体的抗剪强度,则这些软弱层或风化带就可能成为滑动带而诱发滑坡。

(5)人类活动

人工开挖边坡或在斜坡上部加载,改变了斜坡的外形和应力状态,增大了滑体的下滑力,减小了斜坡的支撑力,从而引发滑坡。铁路、公路沿线发生的滑坡多与人工开挖边坡有关。人为破坏斜坡表面的植被和覆盖层等人类活动均可诱发滑坡或加剧已有滑坡的发展。

3. 滑坡危害

滑坡灾害是我国地质灾害中的主要灾种,给我国人民的生命财产和国民经济建设带来了严重的危害,极大地影响了社会经济的发展。滑坡灾害的广泛发育和频繁发生使城镇建设、工矿企业、山区农村、交通运输、河运航道及水利水电工程等受到严重危害。

1)滑坡对城镇的危害

城镇是一个地区的政治、经济和文化中心,人口、财富相对集中,建筑密集、工商业发达。因此,城镇遭受滑坡灾害,不仅造成巨大的人员伤亡和直接经济损失,而且也给其所在地区带来一定的社会影响(图7-5)。

2)滑坡对交通运输的危害

(1)对铁路的危害

规模较小的滑坡可造成铁路路基上拱、下沉或平移,大型滑坡则掩埋、摧毁路基或线路,以致破坏铁路桥梁、隧道等工程(图7-6)。铁路施工阶段发生滑坡,常常延误工期;在运营中发生滑坡,则经常中断行车,甚至造成生命财产的重大损失。

图7-5　滑坡摧毁房屋

图7-6　滑坡摧毁路基

我国铁路沿线的滑坡、崩塌灾害主要集中于宝成、宝天、成昆、川黔、鹰厦、长杭、黔桂、枝柳、太焦、沈大等线路,滑坡、崩塌灾害约占全国山区铁路沿线地质灾害的80%以上,平均每年中断运输约40余次、中断行车800多小时,每年造成的直接经济损失约7000多万元。

(2)对公路的危害

山区公路也不同程度地遭受滑坡、崩塌的危害,极大地影响了交通运输的安全(图7-7)。我国西部川藏、滇藏、川滇西、川陕西、川陕东、甘川、成兰、成阿、滇黔、天山国防公路等十余条国家级公路频繁遭受滑坡、崩塌的严重危害。受灾最严重的川藏公路每年因滑坡、崩塌、泥石流影响,全线通车日数不足半年。省级、县级、乡级公路上的滑坡、崩塌、泥石流灾害更是屡见不鲜。

(3) 对河道航运的危害

由于特殊的地形地貌,河流沿岸特别是峡谷地段多为滑坡、崩塌的密集发生段,对河流航运的危害和影响很大(图7-8)。号称黄金水道的长江是遭受滑坡、崩塌灾害最严重的河运航道。数十年来,因滑坡、崩塌造成的断航事故时有发生。

图7-7 滑坡对公路的破坏

图7-8 滑坡阻断河道

滑坡的危害还表现在其他方面。在露天矿山,滑坡、崩塌灾害几乎影响着矿山生产的整个过程。据我国10个大型露天矿山的统计,不稳定或具有潜在滑坡危险边坡约占边坡总长度的20%,个别矿山甚至高达33%;滑坡、崩塌还对农田造成危害,使耕地面积减少。据统计,我国因滑坡、崩塌灾害毁坏的耕地至少达86km^2;对水库而言,滑坡不仅使水库淤积加剧、降低水库综合效益、缩短水库寿命,而且还可能毁坏电站,甚至威胁大坝及其下游的安全。

4. 滑坡防治

一般来讲,治理滑坡的方法主要有“砍头”、“压脚”和“捆腰”三项措施。“砍头”就是用爆破、开挖等手段削减滑坡上部的重量;“压脚”是对滑坡体下部或前线填方反压,加大坡脚的抗滑阻力;“捆腰”则是利用锚固、注浆等手段锁定下滑山体。

滑坡的防治措施可归纳为“拦、排、稳、固”四个字。

(1)“拦”即拦挡、拦截,如挡土墙等拦挡工程[图7-9a)]。

(2)“排”即排水,包括拦截和旁引可能流入滑坡体内的地表水和地下水;排出滑坡体内的地表水和地下水;对必须穿过滑坡区的引水或排水工程做严格的防渗漏处理;避免在滑坡区内修建蓄水工程;对滑坡区地表做防渗处理;防止地表水对坡脚的冲刷等[图7-9b)]。

(3)“稳”即稳坡,包括降低斜坡坡度,滑坡后部削方减重及滑坡前缘回填压脚;以生物工程和防护工程来保护边坡等[图7-9c)]。

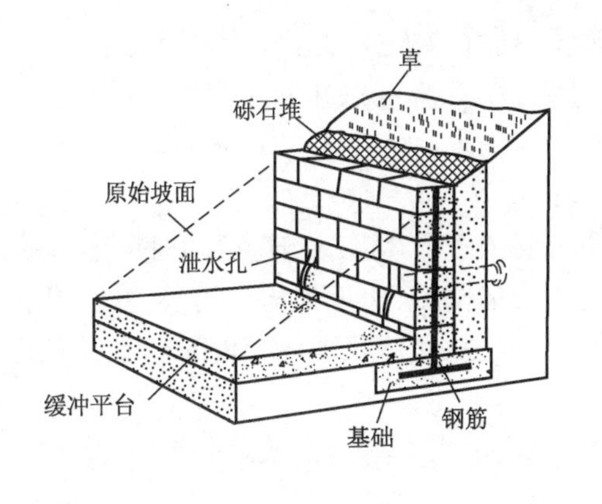

a)拦挡工程

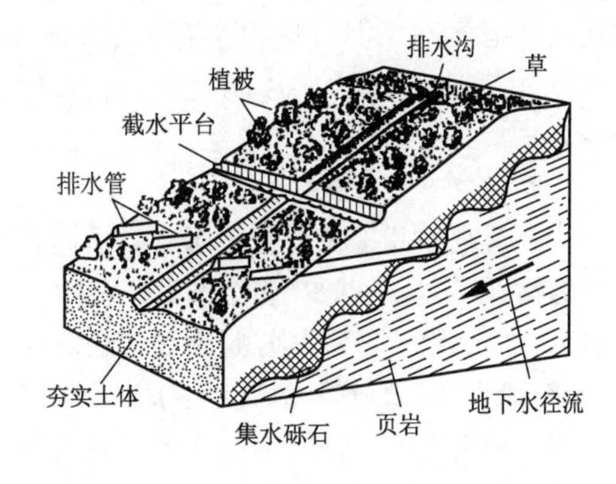

b)排水工程

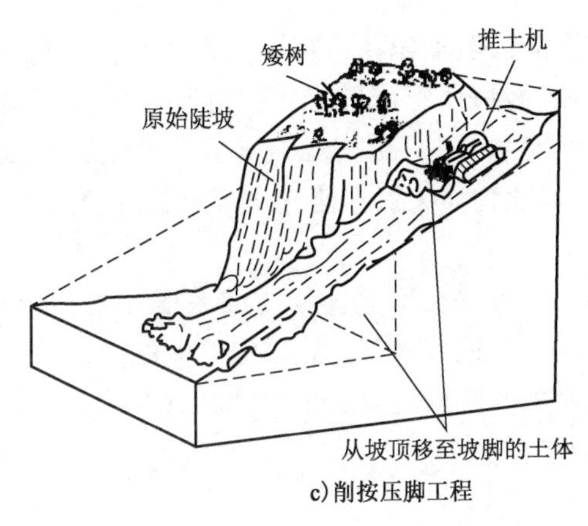

c)削按压脚工程

图7-9 滑坡治理工程措施示意图

(4)“固”即加固,包括采用各种形式的抗滑桩、预应力锚索和预应力抗滑桩、抗滑明洞等工程,或采用注浆、电化学加固、焙烧等方法以改变滑动带岩土的性质来进行加固,增大滑面的抗滑力。

7.2.3 泥石流

1.概述

泥石流是山区特有的一种突发性的地质灾害现象。它常发生于山区小流域,是一种饱含大量泥沙石块和巨砾的固液两相流体,呈黏性层流或稀性紊流等运动状态,是地质、地貌、水文、气象、植被等自然因素和人为因素综合作用的结果。

泥石流暴发过程中,有时山谷雷鸣、地面振动,有时浓烟腾空、巨石翻滚;混浊的泥石流沿着陡峻的山涧峡谷冲出山外,堆积在山口。泥石流含有大量泥沙块石,具有发生突然、来势凶猛、历时短暂、大范围冲淤、破坏力极强的特点,泥石流是山区塑造地貌最强烈外营力之一,又是一种严重的突发性地质灾害,常给人民生命财产造成巨大损失。

泥石流体是介于液体和固体之间的非均质流体,其流变性质既反映了泥石流的力学性质和运动规律,又影响着泥石流的力学性质和运动规律。无论是接近水流性质的稀性泥石流,还是与固体运动相近的黏性泥石流,其运动状态介于水流的紊流状态和滑坡的块体运动状态之间。泥石流中含有大量的土体颗粒,具有惊人的输移能力和冲淤速度。挟沙水流几年、甚至几十年才能完成的物质输移过程,泥石流可以在几小时,甚至几分钟内完成。

2. 泥石流形成条件

泥石流现象几乎在世界上所有的山区都有可能发生,尤其以新构造运动时期隆起的山系最为活跃,遍及全球50多个国家。我国是一个多山的国家,山地面积广阔,又多处于季风气候区,加之新构造运动强烈、断裂构造发育、地形复杂,从而使我国成为世界上泥石流最发育、分布最广、数量最多、危害最重的国家之一。

泥石流的形成条件概括起来主要表现为三个方面:地表大量的松散固体物质;充足的水源条件;特定的地貌条件。

(1)物源条件

从岩性看,第四纪各种成因的松散堆积物最容易受到侵蚀、冲刷。因而山坡上的残坡积物、沟床内的冲洪积物以及崩塌、滑坡所形成的堆积物等都是泥石流固体物质的主要来源;板岩、千枚岩、片岩等变质岩和喷出岩中的凝灰岩等属于易风化岩,节理裂隙发育的硬质岩石也易风化破碎。这些岩石的风化物质为泥石流提供了丰富的松散固体物质来源。

(2)水源条件

水不仅是泥石流的组成部分,也是松散固体物质的搬运介质。形成泥石流的水源主要有大气降水、冰雪融水、水库溃决水、地表水等。我国泥石流的水源主要由暴雨形成,由于降雨过程及降雨量的差异,形成明显的区域性或地带性差异。如北方雨量小,泥石流暴发数量也少;南方雨量大,泥石流较为发育。

(3)地形地貌条件

地形陡峻、沟谷坡度大的地貌条件不仅给泥石流的发生提供了动力条件,而且在陡峭的山坡上植被难以生长,在暴雨作用下,极易发生崩塌或滑坡,从而为泥石流提供了丰富的固体物质。

3. 泥石流危害

泥石流活动强烈、危害严重的国家有俄罗斯、日本、意大利、奥地利、美国、瑞士、秘鲁、印度尼西亚和我国。日本占国土面积2/3的山区均为泥石流频发区,共有泥石流沟62272条,每年因泥石流造成的损失平均为2900万美元。美国约有一半国土是山区,大多有泥石流活动,每年因泥石流造成的损失约3.6亿美元。

泥石流可对其影响区内的城镇、道路交通、厂矿企业和农田等造成危害。我国泥石流分布广泛、活动强烈、危害严重。据调查统计,全国有19个省(区、市)的771个县(市)有泥石流活动,泥石流分布区的面积约占国土总面积的18.6%,有灾害性泥石流沟8500余条,每年因泥石流造成的损失约3亿元;四川、云南、西藏、甘肃、重庆、贵州、广西、湖北、陕西、辽宁、台湾等省(区、市)泥石流危害最为严重。我国泥石流暴发频率之高、规模之大,远非世界其他国家所能比。如云南省东川县蒋家沟泥石流在治理前每年都要发生10次以上,最长的一次活动过程达82h。

1)泥石流对城镇的危害

山区地形以斜坡为主,平地面积狭小,平缓的泥石流堆积扇往往成为山区城镇和工矿企业的建筑用地。当泥石流处于间歇期或潜伏期时,城镇建筑和居民生活安全无恙,一旦泥石流暴发或复发,这些位于山前沟口泥石流堆积扇上的城镇将遭受严重危害(图7-10)。全国有92个县(市)级以上的城镇曾发生过泥石流灾害,其中以四川最多,约占40%。四川省西昌市坐落于东、西河泥石流堆积扇上,近100年来,多次遭受泥石流危害,累积死亡人数达1000余人。新中国成立以来,四川省喜德、汉源、宁南、普格、黑水、金川、南坪、得荣、宝兴、德格、泸定、乡城等20余座县城先后遭受泥石流灾害,泥石流冲毁或部分冲毁街道、房屋和其他建筑设施,死难人数少则几人,多则百余人,经济损失巨大。

2)泥石流对道路交通的危害

(1)铁路

我国遭受泥石流危害的铁路路段近千处,全国铁路跨越泥石流的桥涵达1386处(图7-11)。1949~1985年遭受较重的泥石流灾害29次,一般灾害1173次。其中,列车颠覆事件9起,死亡100人以上的重大事故2次,19个火车站被淤埋23次。1981年7月9日四川甘洛利子依达沟泥石流冲毁跨沟铁路大桥,颠覆一列火车,致使2个车头、3节车厢坠入沟中,死亡300余人,中断行车16昼夜,损失2000万元。在我国铁路沿线泥石流分布密度最大的云南东川支线仓房以北线段,平均每1.5km长线路上就有一条泥石流沟。该线自1958年动工后,因遭泥石流等破坏后维修线路所耗的费用为原设计预算的4倍。

图7-10 泥石流危害城镇

图7-11 泥石流毁坏铁路路基

(2)公路

我国山区的公路,尤其是西部地区的公路,每年雨季经常因泥石流冲毁或淤埋桥涵、路基而断道阻车。川藏、川滇、甘川、川青、中尼、川黔等山区公路断道均为泥石流、山洪、滑坡所致。1985年,培龙沟特大泥石流一次冲毁汽车80余辆,断道阻车长达半年多。

(3)泥石流对山区内河航道的影响

泥石流对山区内河航道的影响分为直接和间接两种形式。直接影响系指泥石流汇入河道,泥沙石块堵塞航道或形成险滩;间接影响为泥石流注入江河,增加江河含沙量,加速航道淤积,致使江面展宽,水深变浅,直至无法通航。

另外,在矿山建设和生产过程中,由于开矿弃渣、破坏植被、切坡不当、废矿井陷落引起的地面崩塌等原因,可使沟谷内松散土层剧增,雨季在地表山洪的冲刷下极易发生泥石流。泥石流还对跨越泥石流沟道的桥梁、沟槽以及输电、输气、输油和通信管线和水库、电厂等水利水电等工程建筑物造成危害。如成昆铁路新基古沟的桥梁、东川铁路支线达德沟桥梁等均遭泥石流冲毁。

4. 泥石流防治

泥石流的活动和危害几乎遍及全球各个山区,尤其在北回归线到北纬50°之间的山区显得更为活跃。随着各国山区经济的日益发展、人类活动的日趋频繁,泥石流灾害不断加剧。有效防治泥石流灾害,已成为发展山区经济、保障山区人民生命财产安全的一项重要任务。

泥石流治理需上、中、下游全面规划,各沟段有所侧重。如上游水源区通过植树造林、修筑水库以减少水量、削减洪峰,抑制形成泥石流的水动力;中游修建拦沙坝、护坡、挡土墙等固定沟床、稳定边坡,减少松散土体来源;下游修建排导沟、急流槽和停淤场,以控制灾害的蔓延。

7.2.4 崩塌

1. 概述

陡峻斜坡上的巨大岩、土体,在重力作用下,突然脱离坡体,发生崩落和倒塌的现象,称崩塌,如图7-12所示。

图7-12 崩塌

崩塌的过程表现为岩块(或土体)顺坡猛烈地翻滚、跳跃,并相互撞击,最后堆积于坡脚,形成倒石堆。崩塌的主要特征为:下落速度快、发生突然;崩塌体脱离母岩而运动;下落过程中崩塌体自身的整体性遭到破坏;崩塌物的垂直位移大于水平位移。具有崩塌前兆的不稳定岩土体称为危岩体。

我国西部地区,如云南、四川、贵州、陕西、青海、甘肃、宁夏等省区,地形切割陡峻、地质构造复杂、岩土体支离破碎,加上西南地区降水量大且强烈、西北地区植被极不发育,因此崩塌发育强烈。例如1987年9月17日凌晨四川巫溪县城龙头山发生岩崩,摧毁一栋6层的宿舍、两家旅社、居民房29余户,掩埋公路干线70余米,造成122人死亡。

2. 崩塌形成条件

崩塌虽发生比较突然,但有它一定的形成条件和发展过程。高陡斜坡构成的峡谷地区易于发生崩塌。调查表明,一般斜坡坡度大于55°(大多数介于55°~75°之间)、高度超过30m的地段有利于发生崩塌;由硬、软岩相间构成的边坡,因差异风化使硬岩突出、软岩内凹,突出悬空的硬岩也易于发生崩塌(图7-13);岩体中各种不连续面的存在也是产生崩塌的基本条件(图7-14);另外,水、地震和不合理的人类活动都会诱发崩塌的发生。

3. 防治措施

在采取防治措施之前,必须首先查清崩塌形成的条件和直接诱发的原因,有针对性地采取整治措施。常用的防治措施有以下几种。

1)防水

在可能发生崩塌地段,地表的岩石节理、裂隙可用黏土或水泥砂浆填封,防止地表水下渗。

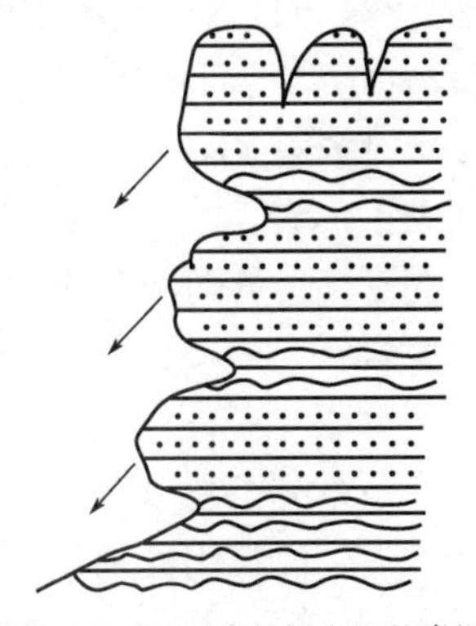

图7-13　软、硬岩相间发生的崩塌

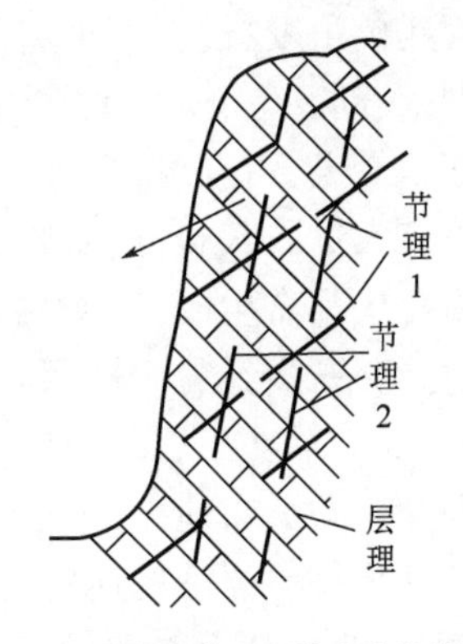

图7-14　层理、节理组合发生的崩塌

2)落石和小型崩塌

落石和小型崩塌可采用:

(1)清除危岩。清除斜坡上有可能崩落的危岩和孤石,防患于未然。

(2)支护加固。采用浆砌片石垛、钢轨插别、支护墙、锚杆、主动网等方法支撑可能崩落的岩体(图7-15)。

(3)拦挡工程。当道路或建筑物上方距崩塌地段间有较宽平缓地段时,可设拦石墙或拦石网(钢轨背后加钢丝网,见图7-16),拦挡崩落石块,定期清除,不致使其落到道路和建筑物之上。

3)大型崩塌

大型崩塌可采用棚洞或明洞(图7-17)等重型防护工程。当重型工程仍不能解决问题时,只能采取绕避方案;或将线路内移做隧道;或将线路改移到河对岸。大型崩塌应在勘测阶段查明并绕避,以免造成重大损失。

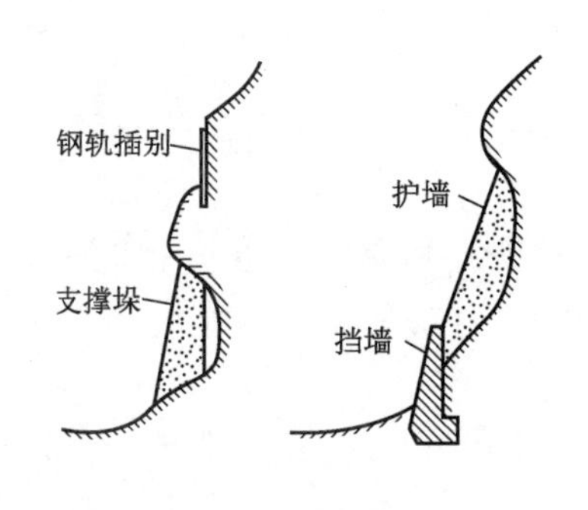

图7-15　崩塌支护加固措施

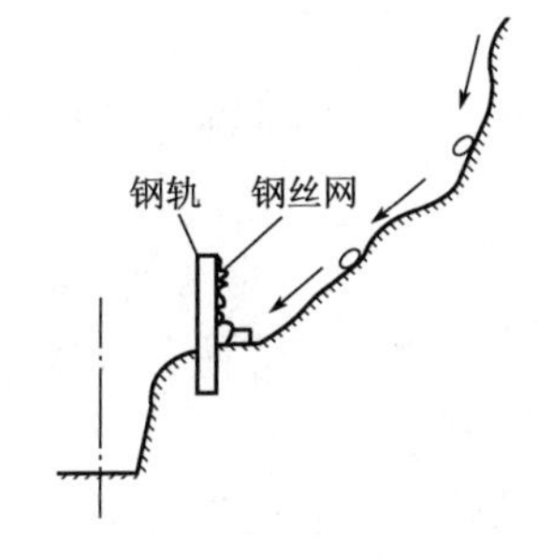

图7-16　拦石网

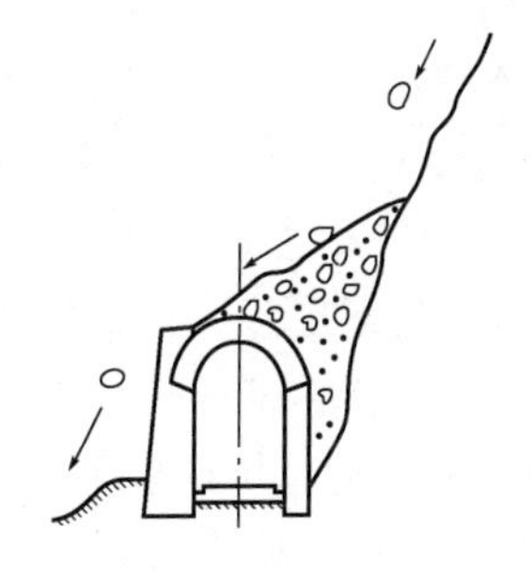

图7-17　防崩塌明洞

7.2.5　岩溶

1.概述

岩溶(Karst),也称为喀斯特。岩溶是指可溶性岩石,特别是碳酸盐类岩石(如石灰岩、白云岩、岩盐、石膏等),受含有二氧化碳的流水溶蚀、搬运、沉积作用而形成的地貌。岩溶包括洞穴、石芽、石沟、石林、溶洞、地下暗河及峭壁。

从工程建设角度看,岩溶重点应放在石灰岩、白云岩广泛分布地区。我国广西、贵州、云南、四川、湖南、湖北等省(区)有大面积连续分布的石灰岩、白云岩,面积达56万km^2,其中广西出露面积最大,占全自治区面积的60%左右。此外,我国华南、华东、华北以及新疆、西藏等地区也有大量石灰岩、白云岩类岩石分布。从岩石生成年代看,我国碳酸盐类岩石在历史上各地质年代都有生成,例如北方的前震旦纪、震旦纪、寒武纪、奥陶纪和南方的寒武纪、奥陶纪、泥盆纪、石炭纪、二叠纪和三叠纪都有很厚的碳酸盐岩石。因此,我国是岩溶发育比较广泛的国家,必须在工程建设中予以足够重视。

在碳酸盐岩石分布地区,溶蚀作用在地表和地下形成了一系列溶蚀现象,称为岩溶的形态特征。这些形态是岩溶区所特有的,使该地区地表形态奇特,景观优美别致,常被开发为旅游景点,如广西桂林山水和云南昆明石林;同时,这些形态,尤其是地下洞穴、暗河,也是造成工程地质问题的根源。常见的岩溶形态如图7-18所示。

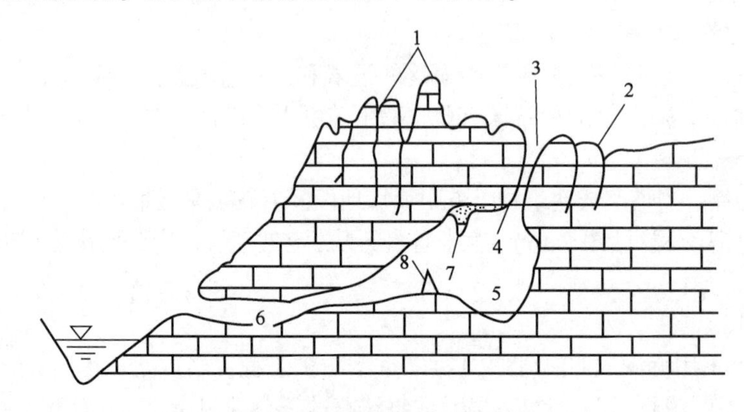

图7-18 岩溶剖面示意图

1-石林;2-溶沟;3-漏斗;4-落水洞;5-溶洞;6-暗河;7-石钟乳;8-石笋

2. *岩溶地区工程地质问题及防治措施*

(1)主要工程地质问题

在岩溶发育地区进行工程建设,经常遇到的工程地质问题主要是地基塌陷、不均匀下沉和基坑、洞室涌水,水库渗漏等。

在岩溶发育地区,水平方向上相距很近的两点(如2m左右),可能土层厚度相差4~6m,有时甚至更多。在土层较厚的溶沟底部,往往又有软弱土存在,加剧了地基的不均匀性,从而引起基础的不均匀变形。

在建筑物基坑或地下洞室的开挖中,若挖穿暗河或地表水下渗通道,则会造成突然涌水,给工程施工和使用造成重大损失和灾难。如2008年贵州省构皮滩电站地下厂房在地下洞室群开挖中,先后出现数十次突发涌水、涌泥情况,其中,汛期最大涌水量一天达7000m^3,最大的突发涌水量一小时达6000m^3,持续时间为70min,最大突发涌泥超过3000m^3。岩溶涌突水是岩溶地区隧道施工中最常见的地质灾害。据统计,在建和已建铁路隧道中,80%以上的隧道在施工过程中遭遇过涌水灾害,至今仍有30%的隧道工程处于地下水的威胁中。岩溶隧道更以涌水量大且突然著称。涌泥是岩溶地区铁路长隧道特有的一种地质灾害,岩溶洞穴中充填的黏土为这种灾害的发生提供了必不可少的物质条件。

在岩溶发育地区兴建水利工程时,库水经常沿溶蚀裂隙、溶洞、岩溶管道、地下暗河等产生渗漏,严重时可能造成水库不能蓄水,甚至会造成环境污染。如贵阳大干沟地区岩溶地下水被工业废水污染,地下水中磷、氟含量超过地下水和地表水国标Ⅲ类水质标准几十甚至上百倍。由于岩溶渗漏形势错综复杂,防渗工程处理难度大,所以在岩溶区水坝选址应慎重,要进行详细的工程地质勘察。

(2)常用防治措施

由于岩溶发育的复杂性和不均匀性,岩溶地质勘察不同于非岩溶地区。勘察手段和方法要多样化,采用综合勘探,多种方法相互印证,重视施工勘察;保留足够的顶板厚度,对于地质条件复杂或重要建筑物的安全顶板厚度,则需进行专门的地质分析和力学验算才能确定;对于在建筑物下地基中的岩溶空洞,可以用灌浆、灌注混凝土或片石回填的方法,必要时用钢筋混凝土盖板加固,以提高基底承载力,防止洞顶坍塌;对于岩溶地区的防、排水措施,既要有利于工程修建,减轻岩溶的发展和危害,又要考虑有利于该区的环境保护;不能由于排水、引水不当,造成新的环境问题。

7.2.6　地表沉降与地面塌陷

1. 概述

地面沉降是指某一区域内由于开采地下水或其他地下流体导致的地表浅部松散沉积物压实或压密引起的地面高程下降的现象,又称地面下沉或地陷。地面沉降的特点是波及范围广,下沉速率缓慢,往往不易察觉,但它对于建筑物、城市建设和农田水利危害极大。

岩溶地面塌陷是指覆盖在溶蚀洞穴之上的松散土体,在外动力或人为因素作用下产生的突发性地面变形破坏,其结果多形成圆锥形塌陷坑。岩溶地面塌陷是地面变形破坏的主要类型,多发生于碳酸盐岩、钙质碎屑岩和盐岩等可溶性岩石分布地区。激发塌陷活动的直接诱因除降雨、洪水、干旱、地震等自然因素外,往往与抽水、排水、蓄水和其他工程活动等人为因素密切相关。

2. 地面沉降分布概况

地面沉降灾害在全球各地均有发生。地面沉降主要发生于平原和内陆盆地工业发达的城市以及油气田开采区。如美国内华达州的拉斯维加斯市,自1905年开始抽取地下水,由于地下水位持续下降,地面沉降影响面积已达1030km^2,累计沉降幅度在沉降中心区已达1.5m,并使井口超出地面1.5m,同时还伴生了广泛的地裂缝,其长度和深度均达几十米。日本在20世纪50~80年代,地面沉降已遍及全国50多个城市和地区。东京地区的地面沉降范围达1000多平方千米,最大沉降量达到4.6m,部分地区甚至降到了海平面以下。开采石油也造成了严重的地面沉降灾害。美国加利福尼亚州长滩市的威明顿油田,在1926~1968年间累计沉降达9m,最大沉降速率为71cm/a。此外,英国的伦敦市、俄罗斯的莫斯科市、匈牙利的德波勒斯市、泰国的曼谷、委内瑞拉的马拉开波湖、德国沿海以及新西兰和丹麦等国家也都发生了不同程度的地面沉降。

目前,我国已有上海、天津、江苏、浙江、陕西等16个省(区、市)共46个城市(地区)、县城出现了地面沉降问题。从成因上看,我国地面沉降绝大多数是因地下水超量开采所致。从沉降面积和沉降中心最大累积降深来看,以天津、上海、苏州、无锡、常州、沧州、西安、阜阳、太原等城市较为严重，最大累积沉降量均在1m以上，如按最大沉降速率来衡量，天津（最大沉降速率80mm/a）、安徽阜阳（沉降速率60～110mm/a）和山西太原（114mm/a）等地的发展趋势最为严峻。我国地面沉降的地域分布具有明显的地带性，主要位于厚层松散堆积物分布地区。

3. 地面沉降危害

地面沉降所造成的破坏和影响是多方面的。其主要危害表现为地面高程损失，继而造成雨季地表积水，防泄洪能力下降；沿海城市低地面积扩大、海堤高度下降而引起海水倒灌；海港建筑物破坏，装卸能力降低；地面运输线和地下管线扭曲断裂；城市建筑物基础下沉脱空开裂，地基不均匀下沉，建筑物开裂倒塌；桥墩下沉，桥梁净空减小，影响通航；深井井管上升，井台破坏，城市供水及排水系统失效；农村低洼地区洪涝积水，使农作物减产等。

4. 防治措施

地面沉降与地下水过量开采紧密相关，只要地下水位以下存在可压缩地层就会因过量开采地下水而出现地面沉降，而地面沉降一旦出现则很难治理，因此地面沉降主要在于预防。

目前，国内外预防地面沉降的主要技术措施大同小异，主要包括建立健全地面沉降监测网络，加强地下水动态和地面沉降监测工作；开辟新的替代水源、推广节水技术；调整地下水开采布局、控制地下水开采量；对地下水开采层位进行人工回灌；实行地下水开采总量控制、计划开采和目标管理。

除上述措施外，还应对高层建筑物的地基进行防沉降处理。在已发生区域性地面沉降的地区，为了减轻海水倒灌和洪涝等灾害损失，还应采取加高加固防洪堤和疏导河道，兴建排涝工程等措施。

7.2.7 突涌水

1. 概述

许多矿床的上覆和下伏地层为含水丰富的岩溶化碳酸盐岩地层，如我国北方的石炭、二叠纪煤系地层，不仅煤系内部夹有赋水性强的地层，下伏的巨厚奥陶纪石灰岩岩溶水水量极丰富。随着开采深度的加大以及对地下水的深降强排，从而产生了巨大的水头差，使煤层底板受到来自下部石灰岩地下水高水压的威胁；在构造破碎带、陷落柱和隔水层薄的地段经常发生坑道突水事故，严重威胁着矿井生产和工人的生命安全。

当采矿平洞通过河流、水库下部，并有地表水和地下水连通通道时，不仅突水灾害严重，而且还造成水库渗漏等问题。如重庆市奉节县后淆水库，因挖掘开采库区煤层，揭穿了水库底部裂隙通道，结果发生大量突水，不仅煤层无法继续开采，而且造成水库渗漏报废。

2. 矿井突水危害

矿井突水是矿床开采中发生的严重地质灾害之一。目前，我国至少有14个省（区）出现了矿井（主要是煤矿）突水事故，近十余年来共发生的严重突水事故262起，直接经济损失巨大。坑道突水灾害较严重的省（区）有河北、山东、山西、安徽、江西、广东、广西、河南、吉林、江苏、浙江、四川等。据全国13宗大、中、小型突水事故的统计，直接经济损失每次达23万~5600万元,平均每次1172.39万元;全国十几年来发生的262宗突水事故共造成损失30.72亿元。

3. 防治对策

对于矿井地面水,防水主要是切断大气降水补给源,防止地表水大量进入矿井,对老矿区的巷窑、古坑,要进行封闭或堆充,以防雨水灌入。井下防治水的措施可归结为“查、探、堵、排”四个字,即查明水源以及矿井水与地下水和地表水的补给关系以及涌水通道;超前钻探水,探明矿山水文情况,确切掌握可能造成水灾的水源位置;设置水闸门、水闸墙、密闭泵房等防、截水构筑物以及采用防水矿柱和灌浆堵水措施来隔绝水路、堵挡水源;排水疏干,有计划地将危险水源的水全部或部分疏放出来,彻底消除在采掘进程中发生突然涌水的可能性。

7.2.8　瓦斯

1. 概述

矿井瓦斯是在矿床或煤炭形成过程中所伴生的天然气体产物的总称,其主要成分是甲烷(CH_4),其次为二氧化碳和氮气,有时还含有少量的氢、二氧化硫及其他碳氢化合物。狭义的瓦斯是指煤矿井下普遍存在而且爆炸危险性最大的甲烷。

瓦斯的赋存分为游离状态和吸附状态两种。在一定条件下,这两种状态瓦斯处于动态平衡之中。在采掘过程中,煤体内的瓦斯通过暴露而得以释放,使瓦斯压力逐渐降低,结果导致吸附瓦斯解吸转化为游离瓦斯并不断向采掘空间涌出。如果煤层中的吸附瓦斯在地压作用下突然大量地解吸为游离瓦斯,就会发生瓦斯突然喷出。

2. 瓦斯爆炸危害

一般认为,在正常压力下,瓦斯的引火温度是650~750℃。无论明火、电火花、摩擦热产生火花及火药爆破,均可点燃瓦斯与空气的混合物而引起爆炸。瓦斯爆炸或瓦斯与煤尘联合爆炸不仅出现高温,而且爆炸压力所构成的冲击破坏力也相当大。煤矿瓦斯爆炸产生的瞬间温度可达1850~2650℃,压力可达初始压力的9倍。井下设备由于爆炸的高压作用可深陷到岩石内,爆炸的冲击波还可破坏巷道,引起冒顶垮帮等其他灾害。

3. 瓦斯爆炸灾害的预防措施

瓦斯积聚达到引爆浓度是发生瓦斯爆炸事故的物质基础,而引燃瓦斯的火种主要是因为管理不善,技术上的原因占少数。因而可以说,这种频率较大而严重程度极高的煤矿爆炸灾害几乎全部是人为致灾。因此,预防瓦斯爆炸主要应从防止瓦斯积聚(确保矿井通风;及时处理积存的瓦斯;抽放瓦斯;建立严格的瓦斯监测制度)和杜绝引爆火种(严禁明火;加强防爆电器的管理;加强火药管理)两个方面入手。

7.2.9　岩爆

1. 概述

岩爆是指承受强大地压的脆性煤、矿体或岩体,在其极限平衡状态受到破坏时向自由空间突然释放能量的动力现象,是一种采矿或隧道开挖活动诱发的地震。在煤矿、金属矿和各种人工隧道中均有发生。

洞室围岩表部岩爆经常发生在如下一些高压力集中部位:因洞室开挖而形成的最大压应力集中区,围岩表部高变异应力及残余应力分布区以及由岩性条件所决定的局部应力集中区,断层、软弱破碎岩墙或岩脉等软弱结构面附近形成的应力集中区。

岩爆是洞室围岩突然释放大量潜能的剧烈脆性破坏。从产生条件来看,高储能体的存在及其应力接近于岩体极限强度是产生岩爆的内在条件,而某些因素的触发则是岩爆产生的外因。

岩爆发生时,岩石碎块或煤块等突然从围岩中弹出,抛出的岩块大小不等,大者直径可达几米甚至几十米,小者仅几厘米或更小。大型岩爆通常伴有强烈的气浪和巨响,甚至使周围的岩体发生振动。岩爆可使洞室内的采矿设备和支护设施遭受毁坏,有时还造成人员伤亡。

2. 岩爆预测及防治

对岩爆灾害的预测包括对岩爆发生强度、时间和地点的预测。由于地下工程开挖和岩爆现象本身的复杂性,岩爆的预测工作需要考虑地质条件、开挖情况以及扰动等许多因素。以往的岩爆记录是预测未来岩爆的重要参考资料。常用方法有:钻屑法或岩芯饼化率法;地震波预测法;声发射(A-E)法;位移测试法;统计方法等。

岩爆的防治问题虽然目前尚难彻底解决,但在实践中已摸索出一些较为有效的方法。根据开挖工程的实际情况,可采取不同的防治方法。通过合理的设计方案(洞轴线方向与最大主应力方向平行;洞室断面形状选择)以减少高地应力引发的不利因素;施工阶段可通过超前应力解除、喷水或钻孔注水促进围岩软化、选择合适的开挖方式等措施有效地防止破坏性岩爆的发生;同时合理选择围岩的支护加固措施,对于开挖的洞室周边或前方掌子面的围岩进行加固(或超前加固),使围岩岩体从单向应力状态变为三向应力状态,同时还有防止岩体弹射和塌落的作用。

第 8 章　数字化技术在土木工程中的应用

所谓数字化技术(Digital Technology),是指对各种信息进行离散化表述,使其变得能够被计算机处理,从而实现对信息的定量、感知、传递、存储、处理、控制、联网等各种操作的集成技术。随着科技的发展特别是计算机技术的广泛应用,从工业领域到教育领域,从日常生活到娱乐休闲,数字化技术已经融入我们生活的方方面面,产生了深远的影响。

对于土木工程来说,主要涉及的数字技术包括计算机辅助设计(Computer Aided Design, CAD)、建筑信息模型(Building Information Modeling, BIM)、数值模拟(Numerical Simulation)等几个主要方面。

8.1　计算机辅助设计

计算机辅助设计即通常人们所熟悉的 CAD,指使用计算机而不是传统的绘图板来进行各种项目的设计和工程制图,运用软件制作并模拟实物进行设计。计算机可以帮助设计人员担负计算和制图工作,能够对不同方案进行优化、分析和比较。各种设计信息,不论是数字的、文字的或图形的,都能通过计算机系统快速地存储、传递和检索。可以方便地进行局部复制、放大、缩小、平移和旋转等图形数据加工。

8.1.1　计算机辅助设计发展史

CAD 软件发展初期只是被当作传统绘图板的部分替代品,当时 CAD 的含义是 Computer Aided Drawing,即计算机辅助绘图。通常认为,伊凡 · 苏泽兰(Ivan Sutherland)在麻省理工学院攻读博士学位期间编写的电脑程序"画板"(Sketchpad)是 CAD 发展的重要转折点,他通过一只特制的"光笔"(图 8-1),实现了有史以来第一个交互式绘图系统,现今各种先进的交互式 CAD 软件和硬件,从原理上讲都起源于伊凡 · 苏泽兰当时创立的"交互式图学"。正是有了交互式的绘图操作,CAD 才从画板的代替品逐渐演变成了现今的成熟体系。

图 8-1　伊凡 · 苏泽兰和他的"画板"

进入 20 世纪 70 年代,随着飞机和汽车工业的蓬勃发展,在设计和制造中遇到了大量的自由曲面问题,由于在纸质图纸上只能采用多截面视图、特征纬线的方式来近似表达所设计的自由曲面,经常发生设计完成后制作出来的样品与设计者所想象的有很大差异甚至完全不同的情况。设计者对自己设计的曲面形状能否满足要求也无法保证,只能通过按比例制作油泥模型来进行分析,烦琐的制作过程大大拖延了产品的研发时间。

1962 年,法国工程师皮埃尔·贝塞尔(Pierre Bézier)发表了贝塞尔曲线,使计算机处理曲线及曲面问题成为可能,法国达索(Dassault)公司开发出以表面模型为特点的自由曲面建模方法,推出了使用至今的三维曲面造型系统 CATIA(Computer Aided Three-dimensional Interactive Application)。CATIA 的出现标志着计算机辅助设计技术从单纯模仿工程图纸的模式中解放出来,首次实现以计算机完整描述产品零件的主要信息,改变了以往落后的工作方式。

20 世纪 80 年代,大规模和超大规模集成电路、工作站、精简指令集(RISC)计算机等新技术的出现使 CAD 系统的性能大为提高。与此同时 CAD 软件也更趋成熟,二维、三维图形处理技术,真实感图形技术以及有限元分析,优化,模拟仿真,动态景观,科学计算可视化等方面都已进入实用阶段,CAD 技术又上了一个层次。

20 世纪 90 年代之后,CAD 技术逐渐发展成熟,CAD 标准化体系已经趋于完善;目前各种新硬件和新软件相比旧版本基本上只是在易用性和性能上有差别,系统智能化成为新的技术热点;集成化成为 CAD 技术发展的一大趋势;科学计算可视化、虚拟设计、虚拟制造技术、三维打印是 CAD 技术发展的新趋向。

目前应用较广泛的主流 CAD 软件包括 AutoCAD、中望 CAD、FreeCAD 和 LibreCAD 等。

8.1.2 AutoCAD 简介

AutoCAD 是美国 Autodesk 公司开发的计算机辅助设计技术绘图程序软件包,诞生于 1982 年。经过多次升级,其功能不断增强并日趋完善,如今已成为工程设计领域中应用最为广泛的计算机辅助绘图和设计软件之一。AutoCAD 具有功能强大、易于掌握、使用方便和体系结构开放等特点,拥有良好的图形界面,可以通过交互式方式或者快捷键方便地绘制平面图形与三维图形、标注图形尺寸、渲染图形以及打印输出图纸,最新的版本还添加了三维打印功能。该软件创立和推广的".dwg"文件格式已经成为 CAD 绘图的常用标准格式,如图 8-2 所示。

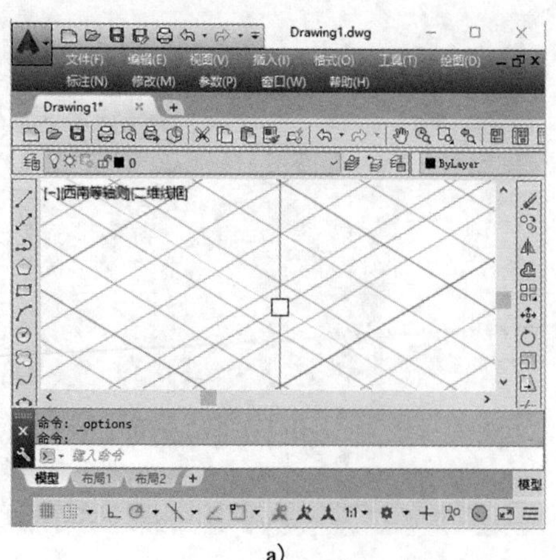

a)

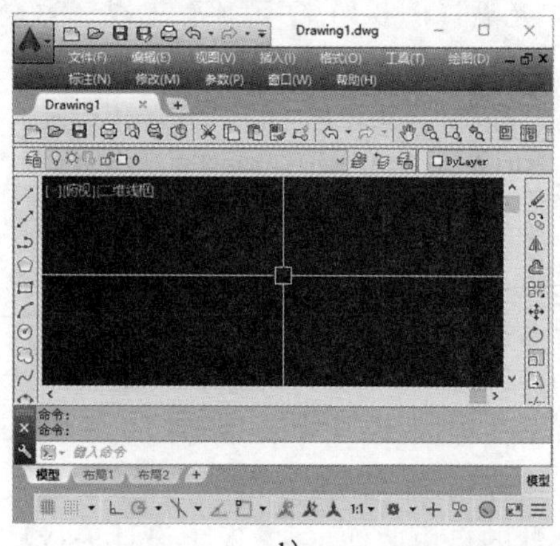

b)

图 8-2 AutoCAD 2016 工作界面

AutoCAD 软件具有完善、智能、功能强大的图形绘制和编辑功能，可以采用多种方式进行二次开发或用户定制，接口丰富，支持多种硬件设备和多种操作系统平台，采用模块化设计，拥有众多专业模块诸如简化建筑设计和绘图、专为建筑师打造的 AutoCAD Architecture，专为制造业而开发、不仅包括 AutoCAD 的所有功能还包括标准零件和工具库，可帮助加快机械设计的 AutoCAD Mechanical，专为土木工程设计和文档编制开发的 AutoCAD Civil 3D 等；用户还可以通过 Autodesk 以及数千家软件开发商开发的5000 多种第三方应用插件，把 AutoCAD 改造成为满足各专业领域的专用设计工具，包括建筑、机械、测绘、电子以及航空航天等。

8.1.3　中望 CAD

中望 CAD 是中望软件公司自主研发的 CAD 平台软件（图 8-3），拥有完全自主知识产权，相比于 AutoCAD，用户可以用更合理的性价比解决正版 CAD 的部署和应用，取得更好的效益。

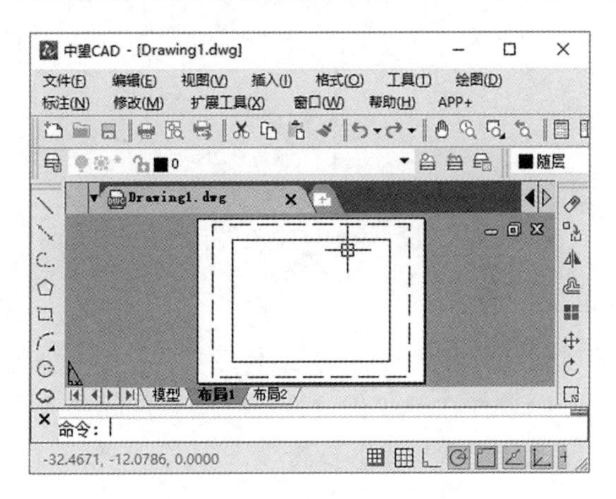

图 8-3　中望 CAD 2017 工作界面

中望 CAD 软件产品能够完美兼容主流 CAD 文件格式，界面友好易用、操作方便，帮助用户高效顺畅完成设计绘图，凭借良好的运行速度和稳定性，已经在宝钢股份、海马汽车、保利地产、中国移动等知名企业中获得应用。

中望 CAD 的操作方式同样可以选择交互式界面或者快捷键方式，方便易用，也采用模块化设计，已经开发了众多专业模块，例如应用于土木和建筑工程的中望 CAD 建筑版、中望结构、中望水电暖、中望景观等；用于机械制造的中望 CAD 机械版、龙腾模具系列、3Dsource 标准零件库等；同时开发了移动 CAD 解决方案，推出的派客云图能够在移动设备上打开、编辑和批注 DWG 图纸，还有丰富的绘图功能、设计辅助、智能云存储服务等。AutoCAD 和中望 CAD 这样的成熟商业软件虽然功能强大、模块丰富，但售价不菲，部署使用均需要较高的成本，因此某些复杂程度不太高的项目可以采用同样专业易用的开源免费 CAD 软件，以更优惠的成本进行计算机辅助设计。

8.1.4　FreeCAD 和 LibreCAD

1. FreeCAD

FreeCAD 是一款通用开源免费的三维 CAD 建模软件（图 8-4），既能用于机械工程与工业产品设计，也面向更广泛的工程应用如建筑或其他工程领域。它提供丰富的基于 Python

的 API 接口,支持简体中文,并且跨平台支持 Windows、Mac 及 Linux 系统,能够替代商业 CAD 软件完成大部分的设计和建模。

2. LibreCAD

LibreCAD 是一款轻量级的 2D CAD 开源软件(图 8-5),拥有基于 Qt4 的用户界面、插件系统,支持 Windows、Linux、Mac 等跨平台操作系统,可以处理操作 DXF、JWW、DWG 等格式的文件,具备多数 2D 制图基本功能。

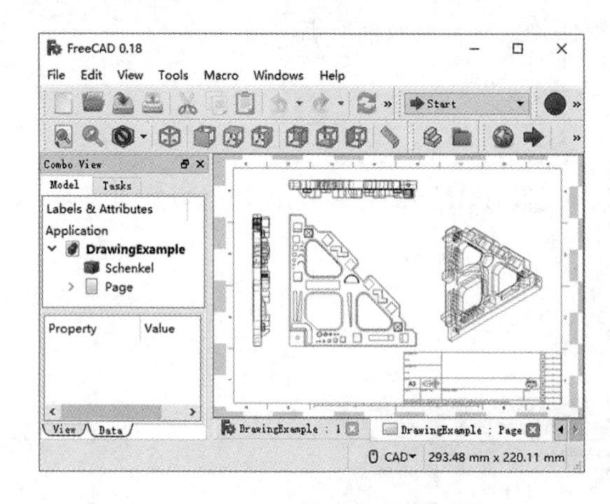

图 8-4　FreeCAD 工作界面

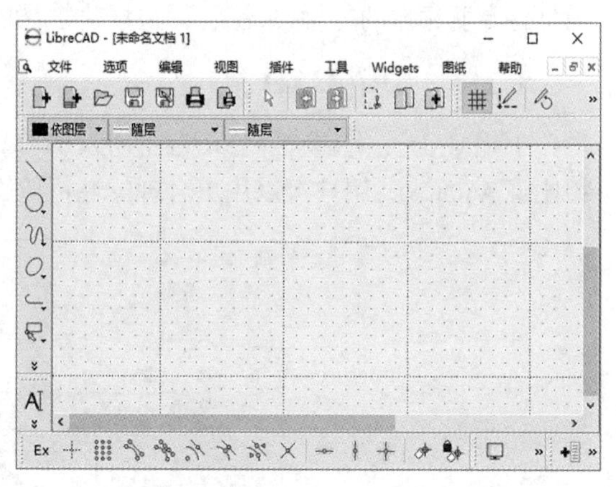

图 8-5　LibreCAD 工作界面

开源 CAD 软件能够在大部分强度较低的设计工作中替代商业 CAD 软件,无须昂贵的软件成本花费,但要注意开源软件在模块化、稳定性、易用性和服务支持上尚不能达到商业软件的程度,对使用者的专业知识水平要求较高。

8.2　建筑信息模型技术

建筑信息模型(Building Information Modeling,BIM),是一种基于三维模型的智能流程,能让建筑、工程和施工专业人员深入了解项目并使用相关实用工具,从而更加高效地规划、设计、构建和管理建筑及基础设施。

8.2.1　BIM 起源

BIM 的概念最早由美国佐治亚技术学院建筑与计算机专业博士 Chuck Eastman 提出,将建筑生命周期内与建筑建造和使用维护过程中的信息(主要包括影响施工阶段、设计阶段、运营维护阶段等)整合在一个建筑模型中,构建出一个有助于协作和执行能力的信息交流平台,使得参与项目的各方面人员在项目实施之前就可以在计算机上模拟、协调、优化工程方案,预先发现实际施工过程中可能出现的问题,及时获取信息和自由添加信息,提高对实际工程的进度控制和质量控制。

传统的建筑设计中建筑师往往需要花费大量的精力在图纸绘制和表格统计上,而且限于二维的表达方式,其他专业的设计师、工程师和客户在理解其空间构造上存在一定难度。而通过 BIM 平台(图 8-6),建筑师可以把想要表达的建筑艺术效果通过 BIM 模型展现在虚拟空间中，与其他设计师、工程师进行交流，对具有复杂建筑结构形式的结构方案分析具有明显的优势。同时 BIM 工具可以实现自动生成设计各阶段的相关建筑图纸、图表和数据信息等。BIM 平台与传统的三维设计工具相比，不仅仅充分利用了计算机的虚拟存储功能和软件的三维可视化功能，还大大提高了建筑设计的质量，使得建筑施工图纸的精确性得到可靠保证，同时在建筑竣工之后，还可以利用 BIM 平台进行建筑运营的智能管理，提升运营效率，降低运管成本。

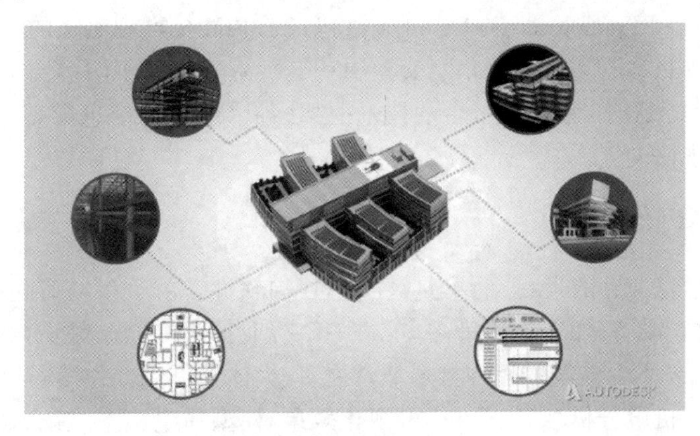

图 8-6　BIM 平台

BIM 平台涉及的项目参与方包括业主、设计、施工、监理、造价、材料设备以及预制件加工方等，在 BIM 平台里“信息”的含义是非常广泛的，不仅包含建筑的尺寸、材质、种类，还可以包含诸如材质的物理性能、供应商信息、各构件施工时间、施工进度等，设计施工各阶段中不同项目参与方会可以自由地在 BIM 平台添加己方信息和获取其他方信息，例如建筑设计师的设计提交 BIM 平台后能够被结构工程师读取进行受力分析，而结构工程师提交的验证结论也能反馈给室内设计师、业主和材料加工商等处，如果设计通过，BIM 平台上的数据就可以直接无缝转化为专业的 CAD 图纸、施工图、材料表甚至数控机床加工代码等。随着项目的不断完善，相关的建筑信息也不断完善，最终形成关于整个建筑统一、完整的信息模型。

8.2.2　BIM 标准

由于项目参与方很多，为了达到互相交流的目的，必须有一个共同的标准来规范各参与方的信息格式，即 BIM 标准。BIM 标准是项目参与方能够基于 BIM 平台下共同协同工作的基础，不仅是共同的数据格式标准和构件命名标准，还包括不同阶段、不同项目参与方传递数据的精度、深度、内容以及格式等标准。使得项目能够从规划、设计、施工到运营维护为项目参与方在不同阶段添加或获取信息提供共同的工作模式。

目前较为通用的 BIM 标准大致可分为两类：一类是 ISO 等认证的行业标准，另一类是世界各国针对本国的行业发展情况制定的区域 BIM 标准。行业标准又可以分三大类：工业基础类标准（IFC）、信息交付手册（IDM）、国际字典（IFD）。

1997 年，IAI 组织（Industry Alliance for Interoperability，现更名为 Building SMART International）发布了第一个完整的 IFC 标准信息模型。2006 年，美国在 IFC 标准的基础上发布了美国国家 BIM 标准——NBIMS（National Building Information Model Standard）。目前 IFC 标准

已扩展到建筑行业中的建筑设计、结构设计、电气设计、物业管理等领域。

但 IFC 标准并未定义不同的项目阶段,不同的项目角色和软件之间特定的信息需求,兼容 IFC 的软件解决方案的执行因缺乏特定的信息需求定义而遭遇瓶颈,软件系统无法保证交互数据的完整性与协调性。针对这个问题制定了 IDM(Information Delivery Manual)标准,将实际的工作流程和所需交互的信息定义清晰,在数据交换的过程中起到桥梁的作用,使得 IFC 标准真正得到落实,交互性实行有了实际意义。

IFD(International Framework for Dictionary)包含了 BIM 标准中定义的唯一的标识码。通过 IFD 标准每个项目参与方能够在信息交换中获得所需的信息,而不至于产生偏差。

依靠 IFC、IDM、IFD 作为 BIM 平台的技术框架,各个国家的信息数据才能畅通,各个专业软件间才能实现协同工作。

8.2.3 BIM 软件

BIM 是一个信息交互的平台,而不是某个单独的软件。由于参与者包括业主、设计、施工、监理、造价、材料设备、加工厂商等多方,每一个行业都有在自己领域内流行的多种主流行业软件,因而 BIM 平台涉及的软件数量非常之多,大体上可以分为核心建模、方案设计、几何造型、绿色建筑、机电分析、结构分析、可视化效果、模型质量检查、综合碰撞检查、造价管理、运营管理、发布审核等。

1)核心建模软件

这类软件是 BIM 的基础,又被称为“三维设计平台”,通常由多个模块子程序构成,具备多个专业协同设计的能力。目前占据优势地位的核心软件有:

(1)Autodesk 公司的 Revit 平台,包括建筑、结构和机电系列,借助 AutoCAD 的优势得到广泛应用。

(2)Bentley 公司的 MicroStation 平台,包括建筑、结构和设备系列,在工厂设计和基础设施等领域占据优势。

(3)Graphisoft 公司的 ArchiCAD 平台,它在各专业设计能力和协同设计方面都有比较优秀的表现,但价格昂贵,适合经常从事大型商建项目的设计机构。

(4)Dassault(达索)公司的 CATIA 平台,是全球高端的机械设计制造软件,在航空、航天、汽车等领域占据主流地位,在复杂形体和超大规模建筑方面表现优秀,但在土木工程领域应用不够广泛。

(5)中国建筑科学研究院 PKPM 推出的中国本土化 BIM 平台 PKPM-BIM,包括结构软件 PKPM3.1、装配式住宅设计软件 PBIMS-PC 等产品,完全遵循我国标准规范和设计师习惯,适合国内工程领域应用。

2)方案设计软件

该类软件主要用于业主和设计师之间的沟通和方案研究论证,在设计初期把设计任务书里的项目要求和基于几何形体的建筑设计方案联系起来,验证、优化设计方案,软件的成果可以转换到 BIM 核心建模软件里面进行继续设计和深化。

目前主要的 BIM 方案软件有 ONUMA 公司的 Onuma Planning System 和 Trelligence 公司的 Affinity 等。

3)几何造型软件

几何造型软件相当于轻量级的核心建模软件,更加简单易用,生成形体模型方便快捷,适合设计初期阶段进行建筑方案的反复研究,比直接使用 BIM 核心建模软件更方便、效率更高。软件的成果同样输入 BIM 核心建模软件继续设计。

目前常用几何造型软件有 Google 的草图大师 Skechup、Robert McNeel & Associates 公司的 Rhino 和 AutoDesSys 公司的 FormZ 等。

4)绿色建筑软件

绿色建筑软件可以使用 BIM 模型的信息对项目进行日照、风环境、热工、景观可视度、噪声等方面的分析,主要软件有 Autodesk 的 Ecotect Analysis、Green Building Studio、英国 Integrated Environmental Solutions 公司的 IES Virtual Environment 以及国内 PKPM 节能、天正节能等。

5)机电分析

水暖电设备和电气分析常用软件有理正给水排水、天正给水排水、鸿业暖通、天正暖通、浩辰暖通等,遵循我国标准规范和设计师习惯,能进行施工图设计和自动生成计算书,国外产品有 Designmaster、IES Virtual Environment、Trane Trace 等。

6)结构分析

结构分析软件目前大多和核心建模软件集成度比较高,属于三维设计平台的固有模块,可以直接使用 BIM 核心建模软件的信息进行结构分析,分析结果可以反馈回到 BIM 核心建模软件中去对结构进行调整,自动更新 BIM 模型。

目前常用的结构分析软件为 CSI 公司的 ETABS、BENTLEY SYSTEMS 公司的 STAAD Pro、Autodesk 公司的 Robot Structural Analysis 等国外软件以及 PKPM 结构等国内软件。

7)可视化效果

可视化效果软件是进行 3D 建模、效果图和动画展示的软件,并非设计软件,但对方案展示、建筑方案的宣传和设计师意念的传达有着非常重要的作用。目前常用的可视化效果软件包括 3DS Max 和 Lightscape(均已被 Autodesk 公司收购)、法国 Abvent 公司的 Artlantis、Robert McNeel & Associates 公司的 AccuRender 等。

8)综合碰撞检查软件

BIM 作为统一平台,一个巨大的优势就是能检测不同专业之间的冲突关系,碰撞检测软件可以确定模型中不同构件之间的冲突然后进行调整,还能检查模型本身的完整性和存在的 BUG,例如空间重叠、构件冲突等;同时也可以用来进行项目评估和审核,检查设计是否符合业主和规范的要求等。

目前常用的 BIM 模型检查软件有鲁班碰撞检测、Autodesk Navisworks、Bentley Project Wise Navigator 和 Solibri Model Checker 等。

9)造价管理软件

造价管理同样是发挥 BIM 平台优势的重要途径,利用 BIM 模型提供的信息进行工程量统计和造价分析,由于 BIM 模型结构化数据的支持,造价管理软件可以根据工程施工计划动态更新,实时提供造价管理需要的数据。

由于施工定额的区域性,目前常用的造价管理软件以国内软件为主,主要有广联达、鲁班、斯维尔、品茗等,国外的 BIM 造价管理有 Innovaya 和 Solibri 等。

10)运营管理软件

根据美国国家BIM标准委员会的资料,一栋建筑物生命周期75%的成本发生在运营阶段(使用阶段),而建设阶段(设计、施工)的成本只占项目生命周期成本的25%。而运用BIM技术与运营维护管理系统相结合,既能对建筑的空间、设备资产等进行科学管理,又能对可能发生的灾害进行预防,降低运营维护成本。具体实施中通常将物联网、云计算等技术与BIM模型、运维系统、移动终端等相结合,最终实现空间管理、设备运行管理、节能减排管理、安保系统管理、租户管理等。

目前常用的运营管理软件是ArchiBUS。

BIM平台将所有信息纳入同一模型,各参与方共同分享信息,实现各参与方的协同设计、协同管理,项目中后期的施工问题,运维问题可以在项目初期被发现并改正,降低设计和施工难度,实现对项目管理的全方位控制,是有着巨大的优势的设计方法。

但BIM平台也并不是完美无缺,它要求从业者有一定技术水平,对本土软件开发者的技术要求较高;有时施工方和设计者还会因为各自的利益对BIM进行消极处理甚至抵触,导致项目实施困难等,都是目前存在的问题。

8.3 数值模拟

大多数的现实工程问题,或者物体的几何形状较复杂,或者其某些特征具有非线性,很少可直接解算方程组来获得结果(即通常所说的"解析解")。传统的解决方法是通过简化和假设来降低计算难度,同时通过统计学方法,利用大量工程实践资料对简化计算的结果进行修正,使其更趋近工程实际、具备更好的工程应用性,亦即所谓的"半理论半经验"方法。这样虽然解决了计算方法"有没有"的问题,但大量的简化必然与实际工程情况不符,过多的假设也会造成计算结果偏差过大甚至计算错误。

数值解是在获得解析解难度较大的情况下,通过数学方法对方程组的解进行逼近而求出的近似解;利用这一原理把现实的复杂工程问题通过数学建模转化为数学问题、再通过求取数值解的方式进行分析计算的方法就是"数值模拟"。数值模拟方法能够处理复杂和非线性的条件,但计算步骤烦琐、计算工作量巨大,只能通过计算机进行处理,因而早期应用比较受限制,通常应用于高端领域或者重大项目,例如军事、航空航天科技、核能研究等。随着计算机技术的高度发展,制约数值模拟的计算力瓶颈已经不复存在,数值模拟也在土木工程、工业制造、天气预报、能源、冶金、国防军工等诸多领域得到极为广泛的使用。

目前在土木工程领域,应用较多的数值模拟方法主要有:有限单元法(Finite Element Method,FEM)、边界元法(Boundary Element Method,BEM)、离散单元法(Discrete Element Method,DEM)、有限差分法(Finite Difference Method,FDM)等几种。

8.3.1 有限单元法

有限单元法的起源可以追溯到我国魏晋时期的数学家刘徽发明的"割圆术",对难以直接求解的圆周率,通过增加圆内接多边形的边数、使得多边形的周长不断逼近真正的圆周长来得到近似解,初步体现了有限单元法"离散""逼近"的思想。

有限单元法以力学理论、数学理论和计算机理论为基础,把一个连续体分割成有限个离散的单元、把一个结构看成由若干通过结点相连的单元组成的整体,先对单元进行精确的计算分析,得到单元的位移、应力、应变、温度、场强等,然后整合所有单元,建立刚度矩阵和边界条件等,组合起来代表原来的结构进行整体分析,实质是通过把复杂的连续体划分成为有限多个简单的单元体,将难以解算的连续场函数(偏)微分方程求解问题转化为有限个参数的代数方程组的求解问题,然后利用计算机进行求解、从而得到复杂系统的近似数值解的方法。

有限单元法可以简单地通过增加单元数量的方法很好地模拟非常复杂的工程问题,因此随着计算机技术的飞速发展,基于有限单元法的软件大量涌现,成为数值模拟领域的主流方法之一。目前在土木工程领域,常用的有限元程序包括 ANSYS、ABAQUS、MSC-NASTRAN、ADINA 等。

1. ANSYS

ANSYS 是美国 ANSYS 公司开发的大型通用商业有限元分析软件,诞生于 1970 年,经过多年的发展,特别是 2006 年以后积极收购了擅长电子设计自动化的 Ansoft、擅长流体领域的 Fluent、低功耗设计领域的 Apache、嵌入式设计领域的 Esterel 等多个在各自专业占据领先地位的方案提供商之后,应用范围不断扩展,已经成为包括结构、热、流体、电磁、系统、电路、芯片、算法、嵌入式系统等多个领域为一体、能够提供大数据集成化 CAE 解决方案的先进数值模拟软件。

ANSYS 功能强大,能与多数 CAD 软件如 NASTRAN, AutoCAD 等实现数据的共享和交换,在核工业、铁道、石油化工、航空航天、机械制造、能源、汽车交通、国防军工、电子、土木工程、造船、生物医学、轻工、地矿、水利、日用家电等领域有着广泛的应用(图 8-7)。

图 8-7 ANSYS 与应用领域

自 ANSYS 7.0 开始,ANSYS 公司推出了 ANSYS Workbench Environment(AWE,见图 8-8)。AWE 是一个集成仿真环境,将 ANSYS 公司推出的多种应用模块集中在一起,组成一个拥有分析系统、组件系统、多物理场耦合分析、设计优化分析等功能,紧密组合整个设计流程的工具平台,能够与 CAD 软件的参数双向链接互动,项目数据自动更新,还可以提供全面的参数管理、无缝集成的优化设计工具等,用户通过简单的拖曳操作即可同时完成复杂的多物理场分析流程,使 ANSYS 在仿真设计方面达到了新的高度。

2. ABAQUS

ABAQUS 是大型通用工程模拟有限元软件,于 1978 年由 HKS 公司推出,2005 年被达索公司收购之后归入 SIMULIA 系列的产品线,擅长分析解决许多复杂的非线性工程问题。

ABAQUS 内置功能强大的材料库,可以很方便地模拟典型工程材料的性能,包括金属、橡胶、高分子材料、复合材料、钢筋混凝土、裂隙材料、可压缩超弹性泡沫材料以及土壤和岩石等地质材料。ABAQUS 在常规的结构、应力、位移等工程分析之外还可以模拟工程领域的许多问题，例如岩土工程流固耦合、渗流分析、热传导、质量扩散、热电耦合分析、声学分析及压电介质分析等。

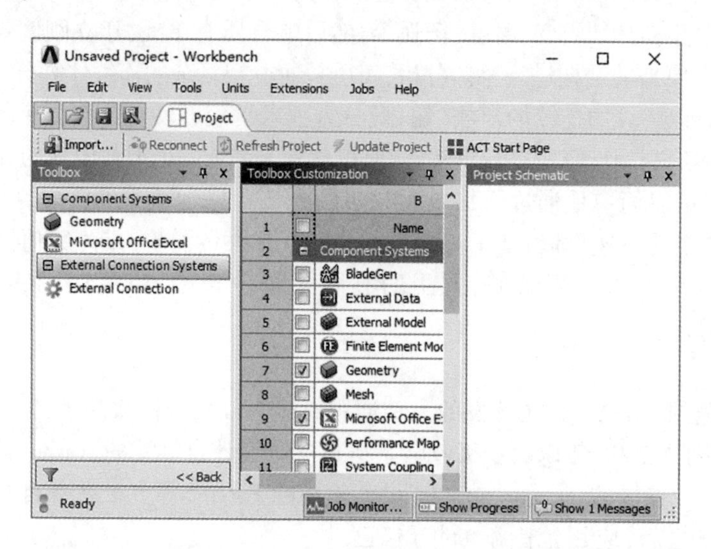

图 8-8 ANSYS Workbench Environment 界面

ABAQUS 有着强大的前处理和后处理能力模块 ABAQUS/CAE，大量的复杂问题可以通过选项块的不同组合快捷容易地模拟出来。ABAQUS 在非线性分析中可以自动选择相应载荷增量和收敛限度，还能实时调节参数以保证在分析过程中有效地得到精确解。ABAQUS 有两个主求解器模块 ABAQUS/Standard 和 ABAQUS/Explicit，分别对应静态分析和动态分析，对某些特殊问题还提供了专用模块来加以解决，例如用来分析海洋工程的专用模块 ABAQUS/Aqua。

ABAQUS 独特的"分析步"设计使得它能够很好地模拟工程中的施工顺序和过程，配合预置了大量工程材料本构模型的单元库，被广泛地认为是非常适合岩土工程数值分析的有限元软件，能够驾驭非常庞大复杂的问题和高度非线性问题，同时作为大型通用有限元软件，ABAQUS 优秀的分析能力和模拟复杂系统的可靠性使得 ABAQUS 同样在工业和研究领域中得到广泛的应用，在大量的高科技产品研究中发挥着巨大的作用(图 8-9)。

3. MSC-NASTRAN

MSC-NASTRAN 起源于 1965 年 MSC 公司参与的美国国家航空航天局(NASA)阿波罗登月工程的结构分析项目。"NASTRAN"的名字就是 NASA Structural Analysis 的缩写。1972 年 MSC 公司开发了 NASTRAN 的第一个商业版本，目前解算现实世界系统中的应力/应变行为、动态与振动响应以及非线性行为时，MSC-NASTRAN 被公认为全球最值得信赖的多学科解算器。

MSC-NASTRAN 是具有高度可靠性的结构有限元分析软件，MSC-NASTRAN 的整个研制及测试过程在 MSC 公司的 QA 部门、美国国防部、国家宇航局、联邦航空管理委员会(FAA)及核能委员会等有关机构的严格控制下完成，每一版的发行要经过 4 个级别、5000 个以上测试题目的检验。在数十年的应用实践历史中，其模拟分析结果的准确性已被数万个最终用户的长期工程应用所验证。

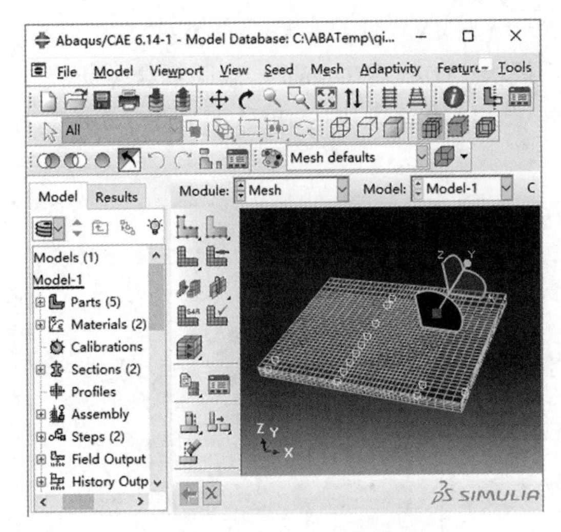

图 8-9 ABAQUS 工作界面

MSC-NASTRAN 能够有效解决各类大型复杂结构的强度、刚度、屈曲、共振、动力学、热力学、非线性、噪声、流体—结构耦合、气动弹性、保密模型装配(超单元)、无约束结构静强度、拓扑优化等问题,特别是关于大型结构体的噪声、振动、疲劳等方面的分析在行业内处于领先地位,在航空航天、汽车、重型工业等领域中占据显著优势。

在实际分析工作中,通常使用 MSC-PATRAN 这一用户界面进行建模并调用 MSC-NASTRAN 解算器(图 8-10)。

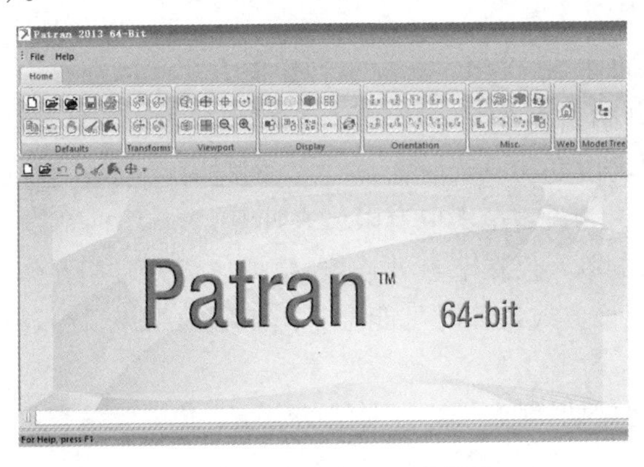

图 8-10 MSC-PATRAN 工作界面

4. ADINA

ADINA 诞生于 1975 年,其名字的含义是 Automatic Dynamics Incremental Nonlinear Analysis 的缩写。从名字就知道这款软件在开发时的主要目标是要具备分析非线性问题的强大功能。ADINA 内置许多针对非线性问题的特殊解法,如刚度矩阵稳定增强(Stiffness Stabilization)、自动步进(Automatic Time Stepping)、荷载—位移控制(Load-Displacement Control)等,使得复杂的非线性问题能够快速而稳定地获得结果,能高效地求解结构非线性以及多场耦合问题。ADINA 的出现为一系列复杂的工程问题如材料大变形、非线性接触、多场耦合求解等提供了解决方案,获得了广泛应用。

ADINA 由前后处理模块(ADINA-AUI)、结构分析模块(ADINA-Structures)、流体分析模块(ADINA-CFD)、热分析模块(ADINA-Thermal)、流固耦合分析模块(ADINA-FSI)、热机耦合分析模块(ADINA-TMC)以及建模模块(ADINA-M)和与其他程序的接口模块(ADINA-Transor)组成(图 8-11)。

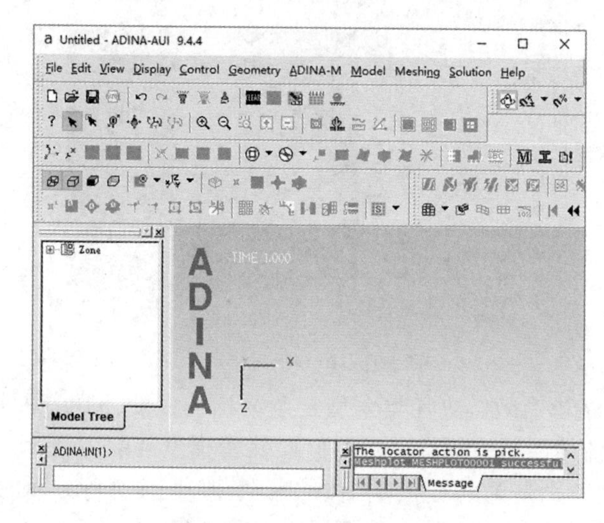

图 8-11 ADINA AUI 工作界面

8.3.2 边界元法

边界单元法是 20 世纪 70 年代兴起的一种数值方法。尽管有限元法取得巨大成就,但有限元法的某些固有缺陷无法克服,例如对于任何问题,有限元法都需对整个研究对象进行离散,导致描述问题时自由度和原始信息量巨大;同时对无限域问题(例如硐室开挖这样的半无限空间问题)只能人为设定范围取有限域来计算,影响解的精度;有限元法的“离散”思想本身也存在缺陷,它的单元仅在节点处连接,模拟连续介质相互作用时必然出现误差,对同一问题采用不同的离散方式计算时可能会得出不同的结果,导致有限元法的精度和可靠性受到质疑。

为了解决这些不足之处,诞生了边界元法的思想。边界元法仅对边界进行离散,误差只产生在边界上,同时使数值计算的维数能够降低一维,例如三维问题变为二维问题,二维变成一维问题,使得解题的自由度下降,减少描述问题模型的自由度和原始信息量;边界元法本身采用无限域的基本解,求解无限域问题具有天然优势,可以更容易地处理某些有限元方法难处理的问题如无限域问题、断裂问题等。边界元法边界部分采用数值法,再利用解析公式将边界值与域内函数值联系起来,求得计算区域内任一点的函数值,是一种“半解析半数值”方法,在相同离散精度的条件下,边界元解的准确度和可靠性要高于有限元法。

边界元法相对于有限元法来说商业化程度较低,处理问题时一般是针对某一问题专门编制程序进行计算,其前、后处理的工作量较大,对使用人员要求较高。常用的边界元软件有 BEASY、SURFES、Examine2D/3D 等。目前在实际分析工作中,通常利用有限元适合于解决大规模问题和边界元适合于解决无限域问题和精度高的特点，将边界元法和有限元法耦合起来进行分析，用有限元对分析域内部进行求解，在边界上则采用边界元，充分地发挥两者各自优势来更好地解决实际问题。

8.3.3 离散单元法

离散元法起源于非连续介质问题的研究，其最初的研究对象主要是岩石等非连续介质的力学行为。岩土类工程材料是典型的非均质、非连续材料，而经典连续介质力学理论通常把岩土体作为整体来考虑，不能体现介质内部的复杂相互作用及高度非线性行为，也无法精确描述材料的流动变形特征。1971 年 Peter Cundall 博士提出了适于岩石力学的离散元法，而后又在 1979 年提出了适于土力学的离散元法，并推出了二维程序 BALL 和三维程序 TRUBAL（即商业软件 PFC 2D/3D 的原型），形成初步完整的理论与算法。

离散元法的基本原理是把不连续体分离为单元的集合，根据牛顿第二定律描述各单元的运动，使各个单元满足运动方程，用时步迭代的方法求解各单元的运动方程，继而求得不连续体的整体运动形态。离散元法允许单元间的相对运动，不需要满足位移连续和变形协调条件，计算速度快，所需存储空间小，尤其适合求解大位移、大变形和非线性问题。

由于离散元单元可以真实地表达岩土体的几何特点，能更好地处理非线性变形和强度受结构面控制的裂隙岩体破坏问题，因此被广泛地应用于模拟边坡加固、地下空间工程施工和岩体稳定性分析等实际问题的分析和计算；离散元法还能够通过随机生成算法建立具有复杂几何结构的模型，通过单元间多种本构关系来表征土壤等多相介质，从而更有效地模拟岩土体的开裂、分离等非连续现象，成为分析和处理岩土工程问题的优势方法。

目前广泛使用的商业离散元软件是由 Peter Cundall 博士创建的 ITASCA 公司发行的 UDEC、3DEC、PFC（2D/3D 版）。UDEC 是 Universal Distinct Element Code 的缩写，即通用离散单元法程序，3DEC 是它的三维升级版本。UDE/3DEC 可称为“块体离散元”程序，将介质视作不连续的较大规模“块体”组成，在土木工程中通常用来研究裂隙岩体或不连续块体组构体系的力学行为。

PFC 是 Particle Flow Code 的缩写，即颗粒流程序，顾名思义它是“颗粒离散元”程序，通过颗粒单元及颗粒间黏结作用的几何与力学特性模拟介质的宏观力学特性；颗粒之间的力学关系遵循牛顿第二定律，颗粒之间的接触破坏可以为剪切和张开两种形式，当颗粒间的接触关系发生变化时，介质的宏观力学特性受到影响，颗粒接触状态的变化将决定介质的本构关系，因此在 PFC 计算中不需要给材料定义宏观本构关系和对应的参数，这些传统的力学特性和参数通过程序自动获得，而定义它们的是颗粒和黏结的几何和力学参数，如颗粒级配、刚度、摩擦力、黏结介质强度等微观力学参数。

由于岩土体材料的特殊性，PFC 非常适合模拟不连续岩体力学行为特性，能代替室内试验，模拟大变形问题、断裂问题，进行岩土体本构模型模拟、地质灾害分析、基坑开挖和稳定性分析、地下工程施工及稳定性分析等，在岩土工程领域得到了广泛运用（图 8-12）。

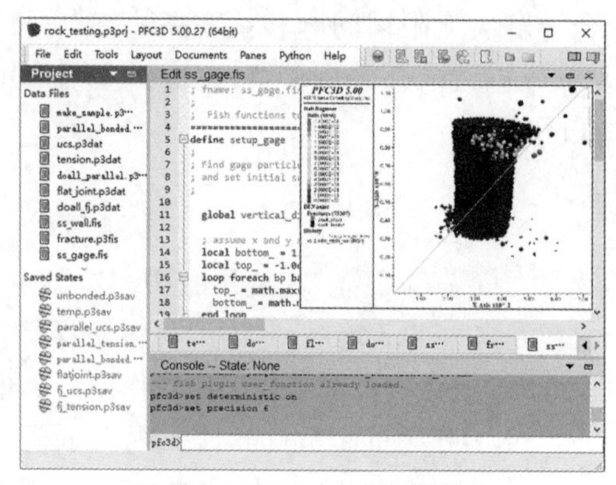

图 8-12　PFC3D 5.0 版工作界面

8.3.4　有限差分法

有限差分法是最早的计算机数值模拟方法之一,有限差分法和有限元法在思想上基本类似,都是通过“离散”和“逼近”来求取难解方程的近似解,同样将求解域划分为差分网格,用有限个网格节点代替连续的求解域,但两者在数学方法上有所不同:有限单元法通过刚度矩阵的形式求解每一单元的应力与应变,而在有限差分法中,空间离散点处的控制方程组中每一个导数直接由含场变量的代数表达式替换,通过以 Taylor 级数展开等方法把方程中的导数用网格节点上的函数值的差商代替进行离散,从而建立以网格节点上的值为未知数的代数方程组,逐步求解每一单元的应力与应变。

相对于有限单元法,有限差分法在数学概念上更加直观,无须构建形函数,不存在单元分析和整体分析,数学建模简便易于编程,易于大规模并行计算,在实际应用中非常适合进行大规模工程的模拟分析。

目前土木工程领域常用的商业有限差分程序主要是同样由 ITASCA 公司发行的 FLAC(2D/3D 版),FLAC 为 Fast Lagrangian Analysis of Continua 的缩写,即连续介质快速拉格朗日差分法,该方法的最大优点是网格能随单元的变形而更新,这使得它能方便地处理大变形问题,能够适应任意的网格形状(有限元模型的单元如果发生过大变形将出现畸变,导致计算困难甚至无法得到解答)。因此 FLAC 在土木工程领域特别擅长处理大变形、大规模的岩土问题,例如大型或超大型边坡的开挖稳定性分析和三维变形模拟、大规模群桩的受力特性分析、隧道工程的流固耦合分析、采空区模拟和地下巷道失稳模拟等(图 8-13)。

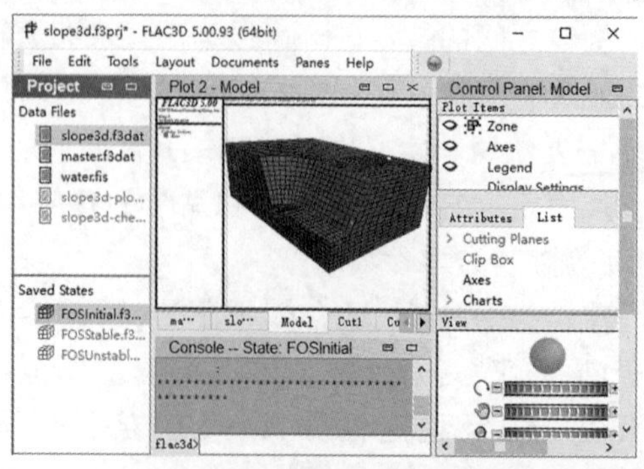

图 8-13　FLAC3D 5.0 版工作界面

目前的土木工程领域，通常认为 ANSYS 在结构分析和机械加工的分析上占优势；ABAQUS 内置大量工程材料单元库，适合在岩土工程领域应用；ADINA 擅长处理高度非线性问题，因而常用于动力分析和流固耦合分析；大变形和大规模岩土工程采用 FLAC 分析，不连续介质和裂隙岩体采用 PFC 分析。

需要注意的是，虽然数值模拟能够处理复杂的工程问题，是今后工程领域的发展方向，但分析结果严重依赖输入的初始数据即实际的各项物理力学参数，如果分析对象的相关参数在取值时出现错误，那么再高级的计算机、再先进的算法理论都无济于事，最终只能得出错误的结论。

参考文献

[1] 叶志明.土木工程概论[M].北京:高等教育出版社,2016.
[2] 关宝树,杨其新.地下工程概论[M].成都:西南交通大学出版社,2010.
[3] 苏达根.土木工程材料[M].北京:高等教育出版社,2008.
[4] 耿永常,赵晓红.城市地下空间建筑[M].哈尔滨:哈尔滨工业大学出版社,2012.
[5] 袁聚云,钱建国,张宏鸣,等.土质学与土力学[M].北京:人民交通出版社,2011.
[6] 熊智彪.建筑基坑支护[M].北京:中国建筑工业出版社,2011.
[7] 窦建明.公路工程地质[M].北京:人民交通出版社,2014.
[8] 杨其新.地下工程施工与管理[M]. 成都:西南交通大学出版社,2005.
[9] 刘传孝.土力学与地基基础[M].郑州:黄河水利出版社,2011.
[10] 郑俊杰.地基处理技术[M].武汉:华中科技大学出版社,2009.